U0977736

助力乡村振兴出版计划

【现代乡村社会治理系列】

乡村人居林营建技术

主　　编　王嘉楠

副 主 编　刘　慧　赵德先

编写人员　吕志坤　苏　艳　管明珠　汤国庆

张景辉　崔贺娟　朱紫睿　杨　芳

段春明　曾海聪　杨路路　桂丹丹

时代出版传媒股份有限公司

安徽科学技术出版社

图书在版编目(CIP)数据

乡村人居林营建技术 / 王嘉楠主编. --合肥:安徽科学技术出版社,2021.12(2022.7 重印)
助力乡村振兴出版计划. 现代乡村社会治理系列
ISBN 978-7-5337-8462-1

Ⅰ.①乡… Ⅱ.①王… Ⅲ.①乡村-居住区-造林-研究-中国 Ⅳ.①S731.5

中国版本图书馆 CIP 数据核字(2021)第 265270 号

乡村人居林营建技术 主编 王嘉楠

出 版 人:丁凌云 选题策划:丁凌云 蒋贤骏 余登兵
责任编辑:高清艳 王 勇 责任校对:程 苗 责任印制:梁东兵
装帧设计:武 迪
出版发行:安徽科学技术出版社 http://www.ahstp.net
(合肥市政务文化新区翡翠路 1118 号出版传媒广场,邮编:230071)
电话:(0551)63533330
印 制:合肥华云印务有限责任公司 电话:(0551)63418899
(如发现印装质量问题,影响阅读,请与印刷厂商联系调换)

开本:720×1010 1/16 印张:9.5 字数:110 千
版次:2022 年 7 月第 3 次印刷

ISBN 978-7-5337-8462-1 定价:29.00 元

【现代乡村社会治理系列】

（本系列主要由安徽农业大学组织编写）

总主编：马传喜

副总主编：王华君　孙　超

出版说明

“助力乡村振兴出版计划”(以下简称“本计划”)以习近平新时代中国特色社会主义思想为指导，是在全国脱贫攻坚目标任务完成并向全面推进乡村振兴转进的重要历史时刻，由中共安徽省委宣传部主持实施的一项重点出版项目。

本计划以服务区域乡村振兴事业为出版定位，围绕乡村产业振兴、人才振兴、文化振兴、生态振兴和组织振兴展开，由《现代种植业实用技术》《现代养殖业实用技术》《新型农民职业技能提升》《现代农业科技与管理》《现代乡村社会治理》五个子系列组成，主要内容涵盖特色养殖业和疾病防控技术、特色种植业及病虫害绿色防控技术、集体经济发展、休闲农业和乡村旅游融合发展、新型农业经营主体培育、农村环境生态化治理、农村基层党建等。选题组织力求满足乡村振兴实务需求，编写内容努力做到通俗易懂。

本计划的呈现形式是以图书为主的融媒体出版物。图书的主要读者对象是新型农民、县乡村基层干部、“三农”工作者。为扩大传播面、提高传播效率，与图书出版同步，配套制作了部分精品音视频，在每册图书封底放置二维码，供扫码使用，以适应广大农民朋友的移动阅读需求。

本计划的编写和出版，代表了当前农业科研成果转化和普及的新进展，凝聚了乡村社会治理研究者和实务者的集体智慧，在此谨向有关单位和个人致以衷心的感谢！

虽然我们始终秉持高水平策划、高质量编写的精品出版理念，但因水平所限仍会有诸多不足和错漏之处，敬请广大读者提出宝贵意见和建议，以便修订再版时改正。

本册编写说明

为深入贯彻习近平生态文明思想和落实乡村振兴发展战略，根据产业兴旺、生态宜居、乡风文明、治理有效、生活富裕的建设目标，结合国家、省、市等相关部门出台的乡村生态发展政策，围绕乡村人居环境提升，丛书编委组织一批有经验的专业人员，在充分酝酿、集思广益的基础上编写了本书。

本书的编写紧密围绕加强乡村人居林的建设与提升这条主线，结合安徽省乡村绿化特色，归纳各类乡村林的营建模式，总结营建技术。本书由七章组成，重点介绍了乡村片林、乡村庭院林、乡村道路林、乡村水岸林和乡村游憩林等六类乡村人居林，分别从概念及特征、营建技术要点、树种选择和营建案例等方面进行探讨，并对人居林树木栽植技术、树木管护技术、新技术运用等新方法进行了阐述，是一本实用、灵活、可推广的实用技术性图书。

全书以能力培养为目标，以实践导向为本位，吸收成功经验和做法，从乡村人居林的特征、模式、树种选择、养护管理等完整营建过程，精心组织内容。将乡村人居林基础知识与各种营建模式相融合，力求通俗易懂的同时确保知识的科学性，理论联系实际，由浅到深，衔接合理。

书中插图由王晓飞、沈家平、张慈奎、侯磊、白存勇、张红、于兆勇等提供，在此一并表示感谢！

目　录

第一章 绪 论

良好的生态环境是农村的最大优势和宝贵财富。一直以来,乡村绿化建设都是我国城乡人居环境建设的难点。在现阶段城市绿化数量和质量大幅提升的背景下,乡村生态绿化建设的重要性更加凸显。同时,乡村绿色生态环境的营建是乡村振兴中的重要环节,不仅改善了农村人居生态环境,而且提高了农民的生活质量,为农村经济社会的全面发展提供了基础条件。我国农村地域广阔,地理环境、气候条件、经济水平差异很大,生活习俗、风土人情千差万别,乡村人居林在美化景观、净化空气、改善小气候、滞尘降噪、传承生态文化、增加农民收入等方面具有不可替代的作用。随着乡村振兴战略的不断深入,一些地方在开展乡村绿化建设时,出现盲目、轻率地照搬城市绿化的植物品种和建设风格,如引入外来树种、色叶灌木,片面追求视觉效果,破坏了乡村原有的景观风貌和文化,使乡村绿化建设进入误区。因此,营建乡村人居林,规范乡村人居林的保护、恢复及建设,对于改善乡村人居生态环境、传承乡村生态文化、塑造乡村风貌、体现乡村景观,具有重要的现实意义和深远的历史意义。

第一节 乡村人居林内涵及建设背景

一 乡村人居林的基本概念

乡村人居林是指农村居住区及其周边为保障乡村生产生活安全、提高生活品质、丰富乡村文化内涵以及发展农村经济而进行种植的林木群落。乡村聚落的森林和树木是乡村景观的重要构成要素，也是乡村良好宜居生态环境的保障，更是建设乡村生态景观的核心要素。

乡村人居林是乡村绿化的主体和骨架，是构建乡村景观风貌的基础，建设中须突出乡村地域特色和自然风貌，与村庄区位条件、历史文化、产业发展、资源优势、集聚特征等因素相衔接，合理确定布局、规模和树种，同时充分结合文化传统元素，避免千村一面，让乡村成为安居乐业的美好家园。

二 乡村人居林的内涵及分类

乡村人居林建设是新时代的需求。随着我国农村经济的发展和乡村生活水平的提高，生态环境现状难以满足乡村居民的需求；同时，针对乡村经济发展所带来的生态环境问题，有必要在乡村进行人居林建设，恢复和改善生态环境，优化整合乡村资源，提升乡村居民生活品质，构建有乡村特色的景观风貌。乡村人居林建设注重乡村居民的身心健康和乡村生态环境的改善，更加注重生态功能的发挥和生态系统的稳定。通过人居林建设，可全面提升乡村生态系统稳定性和生态环境质量，推动乡村自然资源增值，实现居民富裕和生态美的统一。

从我国目前乡村的现状看，乡村绿化建设的核心是构建和保护以林木（包括乔木、灌木、竹子）为主体，人与自然和谐共处的乡村人居林体系，体现乡村特点，避免照搬城市园林绿化模式。乡村绿色生态环境建设以人居林为主体，主要是由于相比较草本植物而言，林木不仅具有个体高大、叶面积指数高、利用空间充分、寿命长等特点，同时林木还能比草本植物更好地形成稳定、高效的植物群落，生态效能高。对于我国人口多、人与土地资源矛盾较为突出的农村而言，林木更能满足乡村对改善生态环境的需求。同时，林木经济效能好，林产品经济效益较高，维持费用低，对增加农村经济收入作用较明显。此外，我国农村长期有与林而居、造林爱林的乡风民俗，这些已成为乡村文化的重要内容。

乡村人居林主要分布在村民居住区及其周围人们活动频繁的区域，与村民身心健康和居住环境息息相关。它是乡村生态环境的基础，也是农村经济建设的重要组成部分。一个完整的乡村人居林生态体系至少由乡村片林、庭院林、道路林、水岸林、游憩林等组成。各类乡村人居林的建设，需遵循乡村自身发展规律，保留及复原村庄肌理、自然水系、古树名木等，形成和谐的空间资源关系，提升乡村生态承载能力。各类乡村人居林有助于美化乡村人居环境、改善生态环境，对居民身心健康及民俗文化的传承起着重要作用。

三 乡村人居林建设的必要性

生态宜居是乡村振兴的关键，乡村人居林建设不仅是农村生态环境、经济发展和文化生活的客观需求，还是当前美丽中国和生态文明建设的重要内容。乡村人居林建设，有助于修复自然生态系统，起到涵养水源、保持水土、净化水质、保护生物多样性等作用。

随着经济的发展和农民生活水平的提高，农民对生活的要求已不仅是满足温饱。走上小康之路的农民，对人居环境的质量提出了更高的要求，希望能营造出一个整体优化、舒适的环境，这种环境是由大气、水质、清洁程度等具体指标构成的一个立体交叉的环境。然而，目前农村生态环境不容乐观，甚至有进一步恶化的趋势。随着农村经济发展和人口的增加，部分农村环境污染已影响乡村景观，使农村生态环境恶化，妨碍农村现代化建设，破坏农村社会功能，有害居民的身心健康，亟待规划和整治。通过乡村人居林的建设，改善农村生态环境，已成为逐渐富裕起来的农民的迫切要求。

森林是自然界最丰富、最稳定和最完善的碳汇库、基因库、资源库、蓄水库和能源库。离开了森林的庇护，人类的生存和发展就会失去依托。在乡村人居林建设中，要牢固树立和坚定践行“绿水青山就是金山银山”的理念，尊重自然、顺应自然、保护自然，统筹山、水、林、田、湖、草系统治理，加快转变生产生活方式，建设生活环境自然优美、生态系统稳定健康、人与自然和谐共生的生态宜居乡村。同时，政府要调动广大农民的积极性、主动性、创造性，把维护农民群众的根本利益、促进农民共同富裕作为出发点和落脚点，促进农民持续增收，不断提升农民的获得感、幸福感、安全感。

第二节　人居林建设的基础知识

一、生物多样性

生物多样性是指特定区域内动物、植物、微生物等生物种类的丰富程度。乡村的生物多样性和周边城市地区的物种多样性是不同的。在乡村生态建设中要注意保护生物多样性，不仅要对乡村原生的自然植被、耕地、池塘以及动植物区系加以保护，尽可能保存不同的生境条件，为特殊的动植物种类提供栖息地，还要尽量模拟自然群落结构，提高包括植物、动物和有益微生物在内的物种多样性。尽量多营造针、阔混交林，少造或不造纯林，对引进外来植物持慎重态度，避免它们造成基因混杂和变成有害种类。此外，景观的稳定性与景观的多样性相联系，多样性可以产生稳定性。在乡村人居林建设中应强调景观的多样性，不仅涉及乡村的美化，还涉及乡村生态系统的稳定。

二、乡土树种

乡土树种是指当地土生土长的树种，是与当地的自然条件，尤其是气候、土壤条件达成稳定平衡，对原产地环境具有天然适应性的树种，包括处于同一气候带的周边地区有自然分布，经过长期引种栽培，适应当地的自然地理条件，并能完成其生活史的树种。乡村人居林建设应根据乡村所处的气候带选择当家树种和主要人居林群落类型，即要把乡土树种作为乡村人居林建设的主体。

自然潜在植被是一个地区在特定的气候和土壤等自然条件下可能发展的自然植被类型，即在所有的演替系列中没有被人为干扰，在现有的气候和土壤条件下能够确立起来的植被类型。一个突出的范例就是乡村保存下来的为数不多的古树名木，这些古树资源反映了该地区现状植被的趋势。按潜在植被类型进行乡村人居林建设更能适应该地区的自然条件，获得稳定的发展。

三 树种选择

乡村人居林建设是一个渐进的过程，现行的乡村人居林树种选择策略可能影响今后 10 年到 20 年，甚至更长时间的乡村景观风貌，以及乡村绿色生态环境本底的功能、适应性及稳定性。现阶段，多数乡村植被受人类活动的影响，自然繁殖和演替的概率极低，群落中的种间竞争已经相对处于次要地位，这使得乡村人居林绿地树种选择的主观影响因素变得十分重要。

乡村人居林建设应充分考虑树种的生态位特征，合理选配植物种类，避免种间直接竞争，形成结构合理、功能健全、种群稳定的复层群落结构，以利于种间相互补充，形成优美的景观。

第三节　安徽省乡村人居林建设的思考

安徽省位于华东腹地，具有良好的土壤环境、气候环境和生态环境。全省拥有土地面积约 13.96 万平方千米，其中耕地面积、林地面积及养殖水面分别为 586.67 万平方千米、373.33 万平方千米及 58.00 万平方千米。全省户籍人口约 7 000 万人，长期居住人口约 6 100 万人，拥有丰富的物力、人力、文化及自然资源。

安徽省是全国农业大省和农村改革主要发源地，“三农”问题是全省工作的重中之重。进入城镇化中后期，安徽省仍有近 2 000 万农民生活在农村。新时代农民对美好生活的期待从内涵到外延都在发生深刻的变化，农业农村发展不平衡、不充分的问题更加凸显。近年来，安徽省启动农村人居环境整治行动，农村厕所革命、生活垃圾治理、生活污水治理、村庄清洁行动等各项工作取得了显著成效，村容村貌明显改观。

农村的实际情况决定了农村工作的复杂性，没有统一的模式可循。因此，乡村人居林建设不应照搬照套以前的模式，应在可持续发展理论、生态与经济协调理论的指导下，运用森林生态学、景观生态学、森林培育学等理论和方法，遵循以下原则进行建设。

一 以人为本、综合治理

乡村人居林建设要从农村自然条件和经济社会情况出发，尊重群众的意愿，体现以人为本的原则，把乡村人居林建设纳入乡村人居环境建设的总体工作中，全面治理乡村生态环境，充分有效发挥林分或树木在改善乡村生态环境、美化生活环境、提高人居环境质量中的作用，充分满足人们对森林的多种需求，促进农村环境、经济及人与自然的和谐发展。在建设中牢固树立和践行“绿水青山就是金山银山”的理念，落实节约优先、保护优先、自然恢复为主的方针，统筹山、水、林、田、湖、草系统治理，严守生态保护红线，以绿色发展引领乡村振兴。

二 生态优先、科学规划

乡村人居林是乡村社会经济可持续发展的重要物质基础和生态保障，是乡村生态环境建设的重要内容。要以乡村资源环境承载力为核心，以用地条件综合评价为前提，以生态环境保护、治理、修复为先导，实施底线管控，促进乡村绿色低碳发展。按照生态优先的原则，进行乡村人居环境建设，科学规划，改善人居环境，积极发展乡村旅游、特色林果产业等绿色林业产业，充分发挥森林的多种效益以促进地方经济发展、增加农民收入，实现乡村人居林生态、经济与社会效益的协调统一。

三 突出特色、协调发展

乡村人居林不仅具有地带性群落的特征，更为重要的是，体现了各地劳动人民生产生活的习俗特征。安徽省乡村自然条件各异，文化与习俗差别较大，许多乡村历史悠久，文化内涵丰富，乡村经济条件及风俗习惯也迥然不同。针对不同区域的特点，为彰显徽风皖韵的安徽乡村生态特色，可推动皖北平原乡村营造“田成方、林成网”的生态美景，打造大别山及皖南山区徽派山村风貌，体现沿江乡村水乡韵味。因此，乡村人居林建设应科学布局，突出重点，以乡土树种为主，挖掘文化内涵，与乡村的历史文化、民风民俗等特色相结合，与乡村经济发展相结合，与乡村所处的自然条件相结合，与乡村居民审美观和自然观相协调，建设具有乡村特色的人居林。

第二章 乡村片林

作为乡村人居林中的一个重要类型，乡村片林是村庄国土绿化和生态保护的重要措施。随着社会经济的发展，乡村片林的功能已经从单一的防护功能发展为集生态效益、经济效益、社会效益等多种功能于一体的人居林。在村落人居生态环境改善、气候调节、水土保持、土壤改良、野生动植物多样性保护等方面，乡村片林发挥着重要的作用，成为保护乡村居住区的“绿色屏障”。

第一节 乡村片林的概念及特征

一 乡村片林的概念

乡村片林是在村庄周围或村内空置地块进行成片栽植的人工林，多以乔木为主，是乡村绿化的重要组成部分。乡村片林与其他人居林的区别在于乡村片林具有一定规模，并且以生态防护功能为主，起到改善村庄整体生态环境的作用。

二 乡村片林的功能

乡村片林的建设会使村庄生态环境得到极大的改善，其功能主要体现在调控气候、保护环境、保持水土、维护生物多样性等生态效益，带动林业产业等经济效益，美化乡村环境、发展乡村文化等社会效益。

1. 生态防护功能

乡村片林的功能重点是生态防护，在保障村落绿色空间资源的基础上，充分兼顾水土保持、水源涵养、区域防风、零星用材等功能，达到净化空气、改善生态环境的目的。通过在村落周围新建片林、改造现有零星空地等方式形成生态林带，为昆虫、鸟类等生物提供生存空间，促进生态系统的稳定和防护功能的发挥。

2. 兼有经济价值和经济效益

乡村片林除了维护村庄生态安全之外，在促进农民就业、带动农民增收、繁荣农村经济等方面也有着非常重要的作用。如乡村片林可结合用材林建设，所生产木材除了农民自用之外，还可供给地方木业，繁荣当地木材市场，促进木材加工业的发展。此外，乡村片林还可结合经果林的发展，在村旁进行经济林木的栽培，与农村产业发展相结合，增加农民收入，极大地调动农民植树造林的积极性，促进乡村振兴。

3.美化乡村整体风貌

乡村片林的营造除了保障乡村生态空间和改善经济之外，还能美化乡村环境。通过靓化乡村的整体风貌，宣传乡村森林文化，改善乡村的人居环境。乡村片林不仅可以从整体水平上反映一个村庄的文化内涵和特色，还能反映出一个村庄的经济发展水平和文明程度。乡村片林的营造是全面推进乡村振兴战略的有力措施，对增强乡村社会凝聚力，推进社会主义新农村的建设和发展，具有极其重要的现实意义。

第二节　乡村片林的营建技术要点

乡村片林按照森林经营的主要功能可分为生态防护型和经济兼用

型。生态防护型乡村片林是分布于村庄周围的人工片林，起到保护村庄生态安全、防风固沙、降尘释氧等主导作用，兼有部分用材性质。经济兼用型乡村片林是指既能发展林业产业经济，又注重防护功能的片林。

一 生态防护型乡村片林

生态防护型乡村片林是以斑块状、带状等形式，构建村落生态屏障的人工林。此类型的乡村片林主要担负生态防护的责任，尤其在生态较脆弱的地段；对于此类林分，应兼顾生态修复、环境质量提升、乡村环境美化等方面功能，并注重生态效益的创造，因而，在乡村片林初建时期，应适当减少乡村居民的游憩活动，确保森林资源能较好地发展。根据生态防护型乡村片林平面形式，可分为带状式和块状式。

1. 带状片林

带状片林也称为环村林、围村林，是在乡村周围营建一定宽度的林带，形成具备一定生态功能和防护功能的环状片林模式，如图 2-1 所示。带状片林以维护乡村居住点的生态防护功能为主，具有较好的稳定性和自我修复能力，可作为乡村大环境的本底生态资源。

图 2-1　带状片林

(1)带状片林的构建要点。

空间围合。带状片林的总体布局强调对乡村居民点的围合，具有将乡村居住区与生产区分隔开，维护乡村生活居住区的生态安全，突出“森林”围绕乡村人居聚集区的特点，打造“村在林中”的优美环境。

内外联系。带状片林除了强调自身的环状结构外，还要加强与其他绿色空间的联系。如加强带状片林与乡村居民点内外河流、道路沿线的绿色生态廊道和防护林体系的联系，使乡村内外的绿色空间有机结合起来，形成绿色网络。这样的生态系统具有更好的稳定性，能够联络破碎化的生态板块，构筑连续的生态系统，保护生物多样性，发挥更大的生态效益。

建设宽度。带状片林建设宽度应不低于 15 米，提倡营造 8 行以上树体高耸、抗风力强的乔木树林，构建较为稳定的防护体系，这样才能较大地发挥生态防护型乡村片林的生态效益，维护乡村人居环境的生态平衡，保障乡村居住区的生态安全。

配置要点。带状片林的构建应以地带性分布的林木为主体，营建纯林或者混交林。在立地条件允许的情况下，可通过选用乔木、灌木、地被以及藤本等多类植物，构成具有兼容性的立体复层模式，在有限的土地上发挥空间生态优势，建成以林木为主体、结构稳定、生物多样、景观优美的植物群落。

（2）带状片林的植物配置模式。根据片林的树种组成，可将带状片林划分为纯林式片林和混交式片林两个类型。

纯林式片林。大部分或全部林带均以某一树种为主，这类片林往往应选择生长迅速、易快速成林的树种，以较快形成防护体系，兼有用材林的性质。皖北地区常用杨树作为单层乔木林，通过植苗或插枝方式造林，需要注意幼、中、成龄林阶段的抚育管理。考虑到防护效益，林分年龄达到 20 年时宜进行主伐，片林采伐方式为皆伐，伐后采用人工造林更新恢复森林。造林树种可选择速生树种，也可选择一些乡土树种、彩叶树种、珍贵树种等，使片林除具有防护功能外，还兼有游憩、观赏等价值。纯林式片林植物配置模式如图 2-2 所示。

乡土树种　　彩叶树种　　珍贵树种

图 2-2　纯林式片林植物配置模式示意图

混交式片林。混交式片林是由两种以上树种所构成的林分，相对纯林具有更好的生态系统稳定性，可形成较好的防护体系。在立面上层次丰富，可选择乔、灌、草等多层次植物进行配置，营造植物景观色彩丰富、林冠线高低错落有致、具有自然和谐的韵律感的植物群落。同时，多样的植物搭配，也为更多生物创造了可选的生态位，潜在地丰富了生物多样性。

树种可选择湿地松、火炬松等抗病性优良的树种，与栎类、刺槐、枫香等阔叶树种进行混交。灌木和草本可选择桂花、火棘、薜荔、南天竹、栀

图 2-3　混交式片林植物配置模式示意图

子、络石、吉祥草、木芙蓉、蝴蝶花、石蒜、狭叶十大功劳、紫叶小檗、狗牙根、结缕草、车前草、麦冬、八仙花、石楠等。混交式片林植物配置模式如图 2-3 所示。

2. 块状片林

块状片林是在乡村周围以一定斑块面积通过新植、改造等方式,形成具备一定生态功能和防护功能的片林模式,如图 2-4 所示。块状片林相对于带状片林的区别在于用地布局上的差异,块状片林更加注重对村庄周围废弃地、自留地等小斑块地进行利用造林,没有足够用地形成环状。因此,块状片林的设置应因地制宜,强调功能目的导向,以发挥最大生态和防护价值。

(1)块状片林的构建要点。

选址要求。为了最大化发挥块状片林的生态效益,块状片林宜在乡村居住区与农业生产区或污染较重区域之间,以阻挡来自农业生产区大气中的粉尘,降低噪声,改善区域环境。

考虑风向。块状片林的设置还要考虑常年盛行风向、风频、风速等因素。块状片林宜设置在上风区,以降低上风区农业生产带来的噪声、粉尘等污染对居民生活区的影响。

建设面积。块状片林建设面积不宜低于 0.2 公顷,确保足够的绿化面积以发挥生态效益。营造斑块短边宽度不宜小于 30 米,可选择多种类、多层次、多功能的树种,构建稳定的森林生态体系,充分发挥生态效益。

配置要点。块状片林的树种选择与带状片林相似,以防护农业生产区带来的影响为主的片林,可选择吸附能力较强、生长较快的树种,特别是在面向污染源一侧,尽快形成防护体系。常见树种有杨树、枫杨、喜树、朴树、泡桐、侧柏、臭椿等。

(2)块状片林的植物配置模式。根据片林的树种组成,块状片林植物配置模式与带状片林相似,也可划分为纯林式片林和混交式片林两个类型,具体植物配置参见带状片林的植物配置模式。

图 2-4 块状片林

二 经济兼用型乡村片林

经济兼用型乡村片林是指在发展林业产业的同时，发展兼有生态防护功能的乡村片林。经济兼用型乡村片林常见的形式为在村周发展经果林和林苗两用林。

1. 经果林式片林

经果林式片林，通常指在村落周围承包大面积地块，以生产果品为主要目的，同时形成具备一定生态功能和防护功能的片林模式，如图 2-5 所示。为了提高经济效益，经果林还可规模化、商品化，走产业化发展道路。

图 2-5　经果林式片林

（1）经果林式片林的构建要点。

价值优先。目标林相为经济树种构成的单层林，具有以经济林产品供给为主的经济价值，同时兼具防风固沙、农田防护、水土保持等多种功能。

效益多元。充分利用当地自然资源和环境特点，在规划设计时，既要考虑防风固沙、环境改善和水土保持等生态效益，又要考虑整体的社会效益和经济效益。将果树的经济价值与景观功能结合起来，让经果林成为休闲娱乐、赏花品果、陶冶情操和开展文化活动的主要场所，实现效益的最大化。

建设规模。经果林式片林一般采用相对集中连片和规模的种植方式，占地面积较大。在布局上可考虑在乡村周围不同方位设置不同果树，避免产品的单一化，还可考虑不同季节有不同果树结果成熟，以适应生态农业、观光农业的需要。

配置要点。经果林式片林通常采用单层纯林种植方式，树种可选择抗性强、净化环境效果好、无植源性污染的经济果木树种。在发展经果林产业的基础上，还可鼓励种植户引进新品种，通过休耕（轮流倒茬）、种植良种壮苗等进行老劣果园更新，实现经果林产业的可持续发展。

（2）经果林式片林的植物配置模式。在地势平缓的造林地通过套种农作物、中药材或者林下养殖等，发展林下特色经济，提高土地利用率，增加农户经济效益。农作物可选择西红柿、辣椒、茄子、山芋、黄豆、花生等，中药材可选择白芍、半夏、益母草、知母、射干等，林下养殖可选择放养鸡、鹅等。

林下套种或者林下养殖要根据经果林的实际情况，因地制宜，合理安排。根据不同果树与蔬菜、中药材的生物学特性，组成合理的田间结构。如选用的蔬菜、中药材品种，要以耐阴性、浅根性为主，距离林木根际 50~80 厘米；套种本地适宜生长的蔬菜或者地道药材。经果林式片林配置模式如图 2-6 所示。

果林+蔬菜　　果林+中药材　　果林+林下养殖

图 2-6　经果林式片林配置模式示意图

2. 林苗两用林式片林

林苗两用林式片林是指在村庄绿化时选择生产用材林或者为城镇绿化提供大苗的林分，可在满足绿化的同时产生一定的经济效益。林苗两用林式片林是以经济林苗经营为主要林业产业，在村周大面积种植，形成以一至数种经济苗木为基调的绿化树种，具有经济效益、生态效益、景观效益等多种效益的村庄生态片林。林苗两用林式片林以苗木造林为主，每亩 100~200 株，并且 5 年内不皆伐，不包括仅育小苗方式的用地。传统意义上的苗木都是在苗圃中培育的，但随着城镇绿化用苗量需求增加，林苗两用林有很大的发展前景。林苗两用林式片林如图 2–7 所示。

图 2–7　林苗两用林式片林

(1)林苗两用林式片林的构建要点。

林地选择。林苗两用林式片林造林要选择交通便利、地势平坦、立地条件较好、排灌方便的用地，方便挖出土球和运输苗木。

造林密度。林苗两用林要求树干通直和树冠饱满。对于顶芽不发达、分枝低的树木，只有适当密植，才能抑制侧芽生长，促进顶芽生长，从而培育主干通直的树木，如榉树、朴树、香樟、栾树、无患子等。这些树初植时密度宜大，株间距可选择 1.0 米×1.5 米，3~5 年后进行移栽间伐，密度逐步减少 50%。对于顶端优势明显的树种，如马褂木等，初植密度可小一些。

建设面积。林苗两用林式片林建设规模较大，通常以企业或者农户承包土地的方式进行连片种植。在布局上可考虑乡村周围不同地块种植不同苗木，选择立地条件和交通条件较好的土地发展林苗两用林。

配置要点。林苗两用林式片林的目标林相为单层乔木林。目标树直径≥6 厘米，林分密度≥1 500 株/公顷，林分蓄积量≥12 立方米/公顷，适用于林苗两用林培育目标。

(2)林苗两用林式片林的植物配置模式。林苗两用林式片林可以采用纯林造林模式，也可以采用条形块状混交模式，如图 2–8 所示。林苗两用林的管理，幼林阶段采取割灌、除草等措施提高造林成活率和促进林木早期生长，林分郁闭度过大的林苗两用林，可采取移植的方式，移走一部分林木。抚育过程中应当注意按不同树种要求定干，高质量的林苗两用林树干要挺直、树冠要完整饱满。

纯林造林模式

条形块状混交模式

图 2–8　林苗两用林式片林配置模式示意图

林苗两用林的培育要选择适宜当地生长并且可以培育大苗的树种，要立足乡土树种，适当引进一些适生的新品种。可选择樱花树、朴树、榉树、国槐、红枫、银杏等适生新品种，以及乡土树种或者珍贵树种等。

第三节　乡村片林的树种选择

选择合适的树种是乡村片林营建的重要环节，直接关系到乡村片林的整体形象展现和各种功能的发挥。不同类型的乡村片林应该根据栽培目的需求选择适宜的树种。

一　生态防护型乡村片林常用树种

生态防护型乡村片林应根据地域条件，选择生态效益较大、冠大荫浓、净化能力强、寿命长、防护作用持久、根系发达、耐干旱瘠薄的树种，也可选择部分具有观赏价值的树种，构建区域特色景观，彰显乡村的生态美。

纯林可选择杨树、杉木、中山杉、枫杨、朴树、麻栎、栓皮栎、榆树、朴树等树种；混交林可选择湿地松、火炬松等抗病性优良的树种，与臭椿、苦楝、楸树、榆树、刺槐等阔叶树种进行混交。

1. 杨树

科属	杨柳科杨属
株高	高达 30 米
特征	落叶乔木，树体高大，树冠广阔，树皮薄，叶片三角状卵形至心形不等
习性	喜光，喜温暖、凉爽，耐高温、高湿，喜疏松土壤
用途	用材林、防护林和四旁绿化等
适用地区	安徽江河沿岸均能良好生长

2. 槐

科属	豆科槐属
株高	高达 25 米
特征	落叶乔木,树冠优美,羽状复叶,花芳香,荚果串珠状
习性	喜光,略耐阴,不耐积水,对土壤要求不严,较耐瘠薄,耐烟尘,寿命长
用途	行道树、用材林、经济林等
适用地区	在安徽省淮北平原、江淮丘陵地区均可良好生长

3. 青檀

科属	榆科青檀属
株高	高达 20 米
特征	落叶乔木,树冠圆形,树皮淡灰色,小枝黄绿色,叶卵形,翅果状坚果
习性	中等喜光树种,适应性强,对立地条件要求不严,常生于石灰岩山地
用途	风景林,用材林,山坡、溪旁绿化
适用地区	在皖南和大别山地区均能良好生长

二 经济兼用型乡村片林常用树种

经济兼用型乡村片林应根据地域条件,结合市场需求,选择适合本地种植且具有较大经济收益前景的树种。应当选择生长快、收益早、产量高、质量好、用途广、价值大、抗性强、收获期长的树种。

经果林式片林造林选择美国山核桃、桃、李、桑、柿、枣、梨、苹果、枇杷、葡萄、山楂等经济果木树种。林苗两用式片林造林选择樱花树、朴树、榉树、国槐、海棠、红枫、杜英、银杏、榆树、青檀、黄连木、高秆女贞等树种。

1. 石榴

科属	千屈菜科石榴属
株高	高 3～5 米,稀达 10 米
特征	落叶灌木或乔木,叶通常对生,长椭圆状披针形,花大,1～5 朵生于枝顶或叶腋
习性	性喜温暖潮湿、阳光充足、通风良好的环境,耐旱耐寒耐肥
用途	各地公园和风景区常有种植
适用地区	安徽为我国石榴重要产区,以蚌埠、怀远等地为主

2. 美国山核桃

科属	胡桃科山核桃属
株高	高达 50 米
特征	落叶乔木,树皮粗糙、深纵裂,奇数羽状复叶,果实倒卵形
习性	喜温暖湿润气候,深根性树种,对土壤的适应性较广
用途	用材林、经果林、四旁绿化
适用地区	皖南地区引栽多年

3. 全缘叶栾树

科属	无患子科栾树属
株高	高达 20 米
特征	落叶乔木,树皮厚,羽状复叶,聚伞圆锥花序,蒴果圆锥形
习性	喜温暖湿润气候,适生性广,耐干旱瘠薄,耐盐渍性较强。对土壤要求不严,喜生于石灰质土壤,深根性,生长速度中等
用途	四旁绿化、庭院林、城市绿化、用材林
适用地区	在安徽省淮河以南广泛分布

第四节　乡村片林营建案例

一　生态防护型乡村片林

小康村位于安徽省泾县蔡村镇，全村总面积 2 726.70 公顷，下辖 10 个村民组，3 023 人。小康村竹林面积 1 485.60 公顷，其毛竹以节稀、条长、秆匀、坚韧性好、纹路清晰、纤维发达而闻名，如图 2–9 所示。竹林片林环抱村落，面积大，分布广，带来了巨大的生态、经济、景观效益。竹林片林对乡村居住区起到了生态防护作用，能够增加局部地区气候湿度和负氧离子含量，使小康村获得独特的竹林生态环境。

图 2–9　生态防护型乡村片林（泾县小康村）

山体中上坡竹林以老竹为主，生态系统趋于退化状态，需要科学砍伐，调整竹林结构。山体下坡、平地以竹林资源为依托，可发展林下中药材种植业、养殖业和竹林旅游业。充分利用林地，科学经营林地，从而增加农户收入，实现资源共享、优势互补、循环互生、协调发展的生态农林模式。

二 经济兼用型乡村片林

肥西县新农村位于紫蓬镇西北，区域面积 890.0 公顷，1 976 人，产业结构以农林业种植为主体。新农村通过土地流转引进若干家农林业生态企业，发展苗木特色种植业。如图 2–10 所示，新农村陆续建成了栝楼、粉樱、红梅、紫薇、榆树、朴树等苗木基地。发展苗木种植不仅成为当地农民致富的重要途径，也在改善当地生态，如防风固沙、涵养水土等方面起到了重要作用，为实现乡村振兴提供动力。

新农村林苗两用式片林树种还较为单一，整体景观层次不高，标准产业化还有待提高。林苗两用式片林还需要栽后养护管理，如栽后应及时采取松土、除草、施肥、防治病虫害等抚育措施。此外，还可以充分集约用地空间，积极引导农户在大苗下套栽小苗，实行立体栽植模式。

图 2–10　经济兼用型乡村片林(肥西县新农村)

第三章 乡村庭院林

乡村庭院林是乡村景观建设的重要举措之一，也是乡村生态文明建设的重要内容之一。人居环境改善是乡村居民的迫切期望，而乡村庭院林正是强调建筑与人居环境紧密结合的绿色空间。乡村庭院林包括宅内空间、房前屋后等小斑块用地，数量多，分布广，这对于提升安徽乡村形象、美化安徽乡村景观具有无可比拟的现实意义，也对调节人居环境、改善院落生态、提升生活质量起到有效作用。

第一节 乡村庭院林的概念及特征

一 乡村庭院林的概念

乡村庭院林是指乡村居民对院落空间进行适度改造，使得人工营造景观与自然环境相互补充，主要是将建筑周围的闲散土地加以改造，适当种植一些小乔木、花灌木以及地被类植物，辅之以乡村地区常见的具有改善、美化环境及经济价值的果蔬类植物。这不仅与村庄的风土人情和生活习惯息息相关，还从某种程度上反映出乡村的经济发展水平和居民的文化素养。

二 乡村庭院林的功能

乡村庭院林的构建能够改善乡村地区人居环境，其功能主要体现在具有满足村民日常活动、满足简单经济功能、增加收入途径等实用价值，丰富文化生活、表达文化观念等文化价值以及丰富乡村景观、分隔围合空间、个性化景观营造等景观价值。

1.实用性

乡村庭院林的实用性一方面体现在满足村民日常休憩、交往等基本活动的需求；另一方面体现在利于发展庭院经济，拓展收入渠道。村民不仅通过种植果蔬类植物来满足一些基本的生活需求，还可以通过种植珍稀型庭院绿化树种，带来更多的创收途径。

2.文化性

植物本身具有独特的文化内涵，村民种植庭院林能够利用庭院景观表达独特的文化观，例如石榴象征多子多福等。与此同时，人们在闲暇之时，通过从事园艺，可以使身心得到放松，和孩子一起采摘瓜果，与邻居分享园艺心得，使生活变得更加丰富多彩。这对于人的心理健康也有着积极的影响。

3.景观性

乡村庭院林的建设可以改变乡村固有的单一景观模式，增加乡村景观形式。一是它以独特的色、香、味丰富乡村景观的观赏性，改变建筑单调的风格，赋予其生活气息；二是乡村庭院林能够分隔庭院空间，它以相同种类的树种丛植或片植假借作“墙体”，达到将不同功能的乡村庭院空间分离的效果；三是将开阔的土地以观赏性植物围合起来，营造开合相间、疏密有致的空间结构，体现乡村庭院林的自然美与和谐美。

第二节　乡村庭院林的营建技术要点

立足于安徽自然资源和人文特征等实际情况，结合不同地区的庭院结构、功能和规模，将营建模式分为两大类共五种模式，每种模式下的选用树种、栽植模式以及适用范围都各不相同，各具特色。

一 休闲景观型乡村庭院林

休闲景观型乡村庭院林主要以生态和景观功能为主导，是乡村地区较为常见的庭院林。它利用自然式绿化手法，兼顾生态修复、环境保护、气候改善等方面，旨在创造生态和景观效益。该类型主要包括自然绿化型乡村庭院林和园林小品型乡村庭院林。

1.自然绿化型乡村庭院林

自然绿化型乡村庭院林主要指采用以农村常见用材树种为主导自然式配置方式，是一种较为常见的乡村庭院林建设模式。这种营建模式能够发挥良好的经济、生态和景观效益。

(1)构建要点。此种模式的庭院林营建主要适用于面积较大且家庭经济条件较好的院落，根据乡村庭院的实际情况对乔、灌、草进行合理安排，营建出一个和谐稳定的庭院林，从而达到创造庭院特色、营造宜居环境的景观与生态并重的效果。

适用主体。一般适用于场地空间较大、日常管理较少的庭院，在乡村院落内以及宅前屋旁栽植。

植物选择。自然绿化型乡村庭院林通常选用乡村常见树种，以乔木为主，花灌木、地被类植物辅之，其中果树、花灌木居多。配置方式采用自然式，乔木 3～5 株，灌木 5～10 株，观赏性较高，常根据庭院实际情况搭配树种。通常采用宅前屋后就势取景、灵活布局的形式，疏密合理，错落有致。

配置要点。房屋间的开敞院落适合种植一些枝叶舒展的落叶树，以满足冬暖夏凉的生活需求；门前宜孤植或对植观赏性高、姿态优美的树种；宅前或者小路旁面积较小的缝隙空间，可选用一些冠幅较小、树形优美的乡土树种。庭院中树种规格应当适中，院内种植的乔木、灌木应当考虑其定干高度，防止由于栽植的树种过高而影响居民生活；有些庭院位于户与户的交界处，要根据实际情况安排树种类型及高度，保证相邻院落间栽植的苗木保持基本的整体性。

(2)配置模式。自然绿化型乡村庭院林配置如图 3-1 所示。这种模式一方面可以丰富村民的生活空间，提升庭院自身的功能价值，美化庭院的形式与意境；另一方面能够起到降温增湿、阻隔噪声、改善生态环境等一系列作用，彰显乡村庭院林在乡村绿化中显著的生态效果。

此模式的庭院林树种可选用乔木、花灌木以及竹类，打造具有鲜明的地带性特色，同时还可考虑季相特征，保证四季有花、四季有景。乔、灌、草合理搭配，美化庭院景观，提升居民幸福感。

图 3-1　自然绿化型乡村庭院林

2.园林小品型乡村庭院林

园林小品型乡村庭院林一般是指结合一些造园手法，利用廊架等景观要素，采用丰富的乔、灌、草搭配营造出一种休闲的氛围。这种模式充分利用了景观艺术手法，立体复合、艺术性强，使其满足村民审美需求，打造宜居环境。

(1)构建要点。此模式以美化居住环境为主要目的，满足村民审美、生态需求。通过巧妙灵活的景观设计布局，园林小品型乡村庭院林能营造出富有诗情画意的乡村庭院景观。

适用主体。适用于对游憩有需求的庭院式村委会、乡村学校等。

植物选择。这种模式常常采用观花、观叶、观果的乔、灌木，运用色彩搭配，组成季相变化丰富的立体景观，形式多采用花坛、花池、花境、花台、盆景等。根据实际情况可以设置一些园林小品，如廊架、亭、假山、石凳等。

配置要点。按照庭院林与房屋的位置划分，该模式的营建方式又可以分为三种。一是庭院林位于房前，一般布置花境、花坛、盆景、盆栽。为了不妨碍房屋的采光效果，房前通常不栽植高大的乔木或者大灌木，往往以观花、观叶、观果的花灌木为主。二是庭院林位于院落的左右侧边，一般以乡土树种和花灌木为主体，同时结合廊架等布置一些藤蔓类植物，可以起到夏季遮阴的作用。三是庭院林位于屋后，一般形式为竹园、花圃、树阵、花池等，常选用竹类或高大乔木。

(2)配置模式。这种模式应当采用乔、灌、草搭配模式，辅之以藤本类植物，丰富垂直绿化的同时赋予季相变化，打造宜居环境，美化村民生活。尺寸小巧，实用简明，具有优良的景观效益。园林小品型乡村庭院林模式如图 3-2 所示。

图 3-2　园林小品型乡村庭院林

本模式在房前就势取景，点缀较多花木，设计上灵巧多变，绿化形式上采用花坛、花池等景观小品，多选用观花、观果树种，树形优良，姿态优美，创造出环境优美且生态宜居的乡村庭院林景观，形成特有的模式与风格。

二 经济主导型乡村庭院林

经济主导型乡村庭院林主要以发挥经济功能为主导，满足村民的简单经济需求、拓宽农户收入渠道。这种类型的庭院林选用树种具有经济价值高、群众基础强的特点。经济主导型乡村庭院林主要包括经济林果型乡村庭院林、阳光晒场型乡村庭院林和“农家乐”型乡村庭院林。

1.经济林果型乡村庭院林

经济林果型乡村庭院林是指乡村庭院绿化中选用树种以常见乡村经济林果树种为主，栽植一些瓜果蔬菜，既便于日常生活，又能够获得一定经济效益的一种乡村庭院林营建模式。这种模式的乡村庭院林经济效益较高，实用性较强，简单易建设。

(1)构建要点。经济林果型乡村庭院林模式是一种非常传统的庭院林营建模式，它具有非常鲜明的生活气息。小规模种植瓜果蔬菜，一方面起到美化人居环境的作用，另一方面还能够满足自身生活需求，一举两得。

适用主体。一般适用于生产生活需求较高、对外交通条件相对不便的农户。

植物选择。经济林果型乡村庭院林通常采用常见经济林果树种、时令瓜果蔬菜，以满足经济效益为主要的建设目标，一般采用自然式散植。农户可以根据实际情况以及自身喜好来选择种植瓜果蔬菜，一般会选择适合当地生长的乡土果树，选择 2～3 种作为主栽培品种，再根据树种的生态学特性以及其生态习性合理配置其他常见的经济林果树种。

配置要点。村落中常见的经济林果型乡村庭院林包括以下几个方面：一是在路缘、墙边设置一些菜畦，栽植一些瓜果蔬菜，如辣椒、西红柿等，既经济实用，又简单大方；二是利用果树种植一些攀缘蔬菜，形成一种立体复式效果；三是利用庭院角落的棚架，使用攀缘果蔬形成独特且富有野趣的景观，同时还能形成一种独特的纳凉景观。

(2)配置模式。该模式树种选择以经济型为主，搭配一些常用的乡土树种，既能够满足村民日常简单的生活需求，又能够营造环境优美、生态宜居的庭院景观。经济林果型乡村庭院林模式如图 3-3 所示。

图 3-3　经济林果型庭院林模式

本营建模式选用了一些经济林果树种，例如柿子、枇杷等，不仅在视觉上丰富了庭院林模式，美化了人居环境，而且兼顾农户的经济效益，使得景观效益与经济效益有机统一。整体配置模式偏规整但同时又不失活力与农趣，营造出实用、经济、简洁的乡村庭院林风格。

2.阳光晒场型乡村庭院林

阳光晒场型乡村庭院林是指以硬质铺装为主，在庭院角落或者边缘点缀花灌木的一种高实用性的乡村庭院林营建模式。这种模式实用性高、通透性强，便于农作物以及生活衣物的晾晒。

(1)构建要点。

适用主体。一般适用于地形平坦、庭院足够大、农地较多的农户。

植物选择。阳光晒场型乡村庭院林营建对树种要求较低，一般以常见乡土树种为主，树种规格冠幅小，要求高大乔木和大灌木少、遮阴少。

配置要点。采用自然式配置方式，仅在庭院的一侧、角落处或边缘点缀少量的花灌木，使视野开阔。这种模式适用于大量农作物需要晾晒、喜光照充足或者庭院面积较大的农户。这种模式下的庭院林相对来说比较单调，但其优势在于满足庭院的采光，方便农户的基本生活，实用性较强，能够提升乡村庭院林的功能与价值。

（2）配置模式。本模式整体风格简洁明了，树种选择相较于其他模式较单一。阳光晒场型乡村庭院林模式配置如图 3–4 所示。

图 3–4 阳光晒场型庭院林模式

该模式以农户房前为主，选用较多乡土树种、常绿树种，庭院较为开敞，绿化面积不大，但适当点缀了一些花灌木，在不妨碍农户日常生活的前提下，能够改善乡村人居环境和生活条件，兼顾实用性与生态性，使得庭院空间更加温馨且富有生活气息。

3."农家乐"型乡村庭院林

"农家乐"型乡村庭院林是指以绿化为主、硬质为辅，在农户固有资源的基础上对其进行合理改造，使其以独特鲜明的风格吸引外地游客的一种独特的乡村庭院林营建模式。这种模式以经济效益为主，兼顾生态与景观效益，农户参与性强。

（1）构建要点。

适用主体。一般适用于山区近郊农村、景区等景色宜人的地方。

植物选择。"农家乐"型乡村庭院林主要选用观赏性林果树种以及常见观花、观叶、观果树种。

配置要点。以自然式绿化配置为主，绿化手法丰富多变，复杂多样，集前四种营建模式于一体，同时由于不同的农家乐风格有所不同，在营建过程中应当能突出“个性化”的特点，在庭院中种植一些特色果蔬，引进外来果蔬，形成自身独特的风格。

(2)配置模式。“农家乐”型乡村庭院林是人们追求精神文化需求的产物。精致的“农家乐”型乡村庭院林受到广大村民和游客的喜爱。“农家乐”型乡村庭院林模式配置如图 3-5 所示。

图 3-5 “农家乐”型庭院林模式

本营建模式集休闲景观型、经济林果型等多模式于一体，将各种模式的优势聚集起来，形成独特的庭院林风格。植物配置的风格应当承袭庭院风格，使得庭院林与周围环境相互融合，从而呈现人与自然和谐共生的“农家乐”型乡村庭院林景观。

第三节 乡村庭院林的树种选择

乡村庭院林树种选择对提升建设美好乡村质量、打造生态宜居乡村环境有着独特作用，而乡村庭院林树种选择与当地气候、土壤和光照等自然环境以及苗木自身特征、管养程度和村民意愿等综合因素有着不可分割的联系。在选择树种时应当根据庭院林实际情况进行考虑。

一 休闲景观型乡村庭院林

休闲景观型乡村庭院林树种选择主要以常见乡土树种为主体，采用乔、灌、藤搭配，有条件者，可引种栽培桂花、海棠、牡丹等观赏类花木。

自然绿化型乡村庭院林可以选择无患子、白玉兰、月季、芍药、孝顺竹等；园林小品型乡村庭院林采用葡萄、丝瓜、豆角、黄瓜等植物。

1.白玉兰

科属	木兰科玉兰属
株高	高达 17 米
特征	常绿乔木，树皮深灰色，花白色，极香
习性	喜光，适合在光照充足的环境生长，适宜长在肥沃、疏松的微酸性土壤中
用途	驰名中外的庭园观赏树种
适用地区	安徽各地均可栽培

2.紫叶李

科属	蔷薇科李属
株高	高 8 米以下
特征	多分枝，小枝暗红色。叶片卵形或倒卵形，先端急尖，叶紫红色
习性	花期 4 月，果期 8 月
用途	庭院观赏树木之一。常年叶片紫色，引人注目
适用地区	皖北、江淮地区较多见

3.桂花

科属	木樨科木樨属	
株高	高可达 17 米	
特征	树皮灰褐色,聚伞花序簇生于叶腋	
习性	桂花喜温暖,抗逆性强,既耐高温又耐寒	
用途	名贵香料,食品香料,园林观赏	
适用地区	安徽各地广泛栽培	

二 经济主导型乡村庭院林

经济主导型乡村庭院林以常见经济树种、时令瓜果蔬菜为主,房前场院栽植果树,其下种植蔬菜,如丝瓜、南瓜等,屋后栽植速生用材树种。

经济林果型乡村庭院林可以选择石榴、枇杷、梨、榆树、碧桃等;阳光晒场型乡村庭院林要求树种少且遮阴量小,仅在庭院的某一侧点缀几株经济树种或花灌木,如石榴、紫薇、梨、无花果等;"农家乐"型乡村庭院林以农村常见的经济树种、果树、花灌木为素材,如紫薇、合欢、蜡梅、海棠等。

1.枇杷

科属	蔷薇科枇杷属	
株高	高达 10 米	
特征	常绿小乔木,花白色,叶革质,披针形、倒披针形、倒卵形或椭圆形	
习性	喜光,稍耐阴,喜温暖气候和肥沃湿润、排水好的土壤	
用途	可用材及观赏,果可食,叶供药用	
适用地区	皖南相对皖北地区更适宜生长	

2.紫薇

科属	千屈菜科紫薇属
株高	高可达 7 米
特征	落叶灌木或小乔木，树皮平滑、灰或灰褐色,叶互生或有时对生
习性	半阴生,喜肥沃湿润的土壤,能耐旱,不论钙质土或酸性土都生长良好
用途	已广泛栽培为庭园观赏树,有时亦作盆景
适用地区	安徽各地广泛栽培

第四节　乡村庭院林营建案例

为更加全面且直观地展现乡村庭院林的营建实况以及营建中应注意的事项,我们针对两大类五种乡村庭院林营建模式,在合肥地区选取了一个典型案例,对其进行分析。

一 休闲景观型乡村庭院林

1. 自然绿化型乡村庭院林

洪家疃村位于安徽省巢湖市,距合肥市区 40 千米。我们选取了洪家疃村的一户庭院作为自然绿化型乡村庭院林案例进行分析，该庭院面积约为 150 平方米,如图 3-6 所示,位于农户房屋东侧,属于宅旁乡村庭院林。

图 3-6　自然绿化型乡村庭院林(黄麓镇洪家疃村)

庭院采用近自然的配置模式，风格特点与周围环境融为一体，利用乔、灌、草进行合理搭配，同时运用一些藤蔓类植物，增加垂直绿化；选择草本类植物、耐阴灌木填补林下空间。该庭院林色彩鲜明，提升了庭院的景观性与趣味性，创造出了丰富的庭院景观。

该庭院栽植的树种数量较多但种类不多，以乔木为主配合自然生长的地被，配置较为杂乱，且庭院中杂草丛生、后期基本无管养，乔木过高影响农户采光，不便于农户晾晒等日常活动。同时，考虑到经济效益，还应适当增加观果植物，如枇杷、石榴等，以满足居民简单的经济需求，营造果实累累的景象。

2. 园林小品型乡村庭院林

六家畈黑石小学位于安徽省肥东县宝塔村，紧邻六家畈路，交通较便捷。该庭院长约 40 米，宽约 28 米，如图 3-7 所示，场地现状布置了景观雕塑、教学用测试仪器等。

图 3-7　园林小品型乡村庭院林

由于学校对精神文化需求较高，场地选用了园林小品型乡村庭院林模式，既能满足文化氛围的需求，又可以满足教学任务的功能性需求。该方案将校园的庭院绿化与教学活动充分联动，既满足了教学需要又丰富了校园景观，提升了生态价值。

本案例大乔木较多，花灌木、花草基本没有，植物种类单一，其绿化层次也较为单一，没有形成丰富的乔、灌、花草合理搭配，也没有藤本的垂直绿化。故而应当合理进行树种搭配，形成多元复合的庭院林景观。

二　经济主导型乡村庭院林

1. 经济林果型乡村庭院林

合肥市肥西县长刘村位于紫蓬镇，距合肥市中心 20 多千米，村辖31 个村民组，近 3 600 人。我们选取了某农户家庭院作为案例进行分析，该庭院面积大约 200 平方米，位于住宅北侧，栽植辣椒、扁豆等蔬菜供日常食用，同时用果树搭配观花、观叶树种，庭院林满足经济实用的同时兼顾到一定的观赏性。

本案例如图 3-8 所示，作为经济林果型庭院，对于空间的利用不够充分，灌木及地被植物应用较少，庭院整体树种单一。树种的规划种植略显杂乱，影响菜园中经济作物的采光。

图 3-8　经济林果型乡村庭院林

通过配置一些具有观赏性的小乔木与花灌木，既可与庭院周围风格相协调，又可增加景观的丰富度。在院落墙角以及菜园篱笆处种植丝瓜等攀缘类经济植物，在林下缺乏光照的地方种植耐阴的观花灌木，进一步合理利用乡村庭院空间，使绿化层次变得更加立体，集实用性与景观性于一体。

2. 阳光晒场型乡村庭院林

巢湖市洪家疃村位于巢湖北岸西黄山南麓，是“和平将军”张治中先生的故里。针对阳光晒场型乡村庭院林，我们选取了村中一家农户，该户位于近水坡地，周边有茂密的水林。因此，基于生活的便捷，该庭院内大部分为硬质，便于晾晒农作物、饲养家畜以及开展村民活动，如图 3-9 所示。庭院内栽植的树木在数量和种类上都较少，多为常绿灌木和乔木，景观价值不高。

图 3-9　阳光晒场型乡村庭院林(黄麓镇洪家疃村)

在满足村民日常生活需求的基础上可适当栽植一些小乔木、灌木，如桂花球、女贞球等，既不影响晾晒场的光照又能增加植物景观的丰富程度，并配合一些盆栽，如月季、万年青等，这样不仅可以用来分隔空间，还可以定期更换盆栽品种，在有限的绿地空间中也能达到美化庭院的效果，使树种兼顾功能性与观赏性。

3. "农家乐"型乡村庭院林

如图 3-10 所示为肥西县农兴村一家农户的庭院林，面积 1 200 平方米，该庭院林植物主要采用自然式种植，配有凉亭、休息桌椅等小品设施，以满足游客休闲游憩、体验自然的需求。院内空地栽植的蔬菜颇具乡村田园特色，但总体植物配置结构以乔草为主，缺乏小乔木以及花灌木。建议在保持庭院原有自然式风格特点的同时增加一些乡土树种，既可丰富树种结构，又可提升庭院林的趣味性与观赏价值。地被植物应采用沿阶草和葱兰等，以保持生态稳定性。

图 3-10 “农家乐”型乡村庭院林(肥西县农兴村)

第四章 乡村道路林

乡村道路林是乡村道路绿化的主要表现形式，作为乡村人居林的重要组成部分，它在营建乡村风貌、道路空间、村民交往环境等方面具有重要作用，为乡村内部与外部进行物质循环与能量流动提供了重要的“生态廊道”。随着全面建成小康社会和全面推进乡村振兴的有序进行，乡村道路林建设愈发受到重视。目前，乡村道路林建设还存在诸多问题，如林木密度、高度、厚度不足，树种选择不当，搭配不合理，层次单一，长势不良等。因此，乡村道路林营建需要逐步建立完善的技术体系，以提升乡村道路林的建设效果。

第一节 乡村道路林的概念及功能

一 乡村道路林的概念

乡村道路林是指在乡村道路红线范围内，具有护路、美化、隔离和净化环境等功能，并能为行人或车辆提供一定庇荫作用的条带状的林木总和。乡村道路林是由木本植物群落构成的带状廊道。在一定程度上，它可以保持乡村景观风貌的延续性和完整性，成为乡村景观安全的绿色走廊。

二 乡村道路林的功能

乡村道路林是在乡村道路两侧以乔木和大灌木为主的绿化形成的人工林。乡村道路林沿道路建设,因此常以带状或线状形式出现。

1. 调节道路环境小气候

乡村道路林能有效地改善道路光照、温度、湿度等环境因子,从而改善道路环境小气候。树木的叶片能够反射和吸收大部分阳光,剩下少部分的阳光能透过树冠投射到林下,因此在夏季,道路林能有效减弱道路上的光照强度,在一定程度上减少光照对道路行车的不良影响。同时,树木通过蒸腾作用在空气中产生大量水分,这对于被行道树封闭的公路,其相对湿度最大差值可在20%以上。因此,乡村道路林能明显调节和改善乡村道路环境的小气候,增强乡村道路上行人的舒适感。

2. 隔离功能

乡村的生产区和生活区常以道路分隔,在这些道路上栽植一定高度、密度的道路林可以起到视觉隔离、噪声隔离、污染物隔离等作用。比如,车辆行驶会产生噪声、扬尘和有害气体,而乡村道路两侧又常有村庄或农田,因此,建立良好的道路林能有效地阻隔车辆行驶产生的污染,减少道路交通对村民居住环境以及农田作物造成的不良影响,有利于为村民创建宜居环境以及种植和培育优质农作物。

3. 辅助交通

道路两侧的树木种植能够在一定程度上遮蔽对向行驶车辆的灯光,防止眩光,能够提升夜间行车的安全性。不同风格的道路林景观设计能对道路起到标识作用,引导车流。丰富美观的道路林形式还可以缓解驾驶员的视觉疲劳。

第二节 乡村道路林的营建技术要点

乡村道路是连接乡村与城市、村庄与村庄以及每家每户的“骨架”，构建了一个既紧密联系、相互影响又不可分割的道路体系。在《乡村道路工程技术规范》(GB/T 51224—2017)中，根据乡村道路在路网中的地位、交通功能及对沿线居民的服务功能，将乡村道路分为主干路、支路和巷路。乡村主干路、支路和巷路的功能及特征不同，其道路林的营建模式和营建技术要点也不同。

一 乡村主干路道路林营建

乡村主干路是指连接乡村内部各主要区域及乡村主要出入口的道路，以机动车为主要交通形式，在乡村道路系统中承担着骨架功能。乡村主干路道路林是指在乡村内部的主要机动车道路两侧，具有一定宽度并采用规则式或自然式配置的林木。乡村主干路道路林的营建通常选用乡村常见的乡土树种和自然生长的果树林木，同时结合园林绿化常用行道树种，如图4-1所示。这种营建模式能够很好地营造道路景观，从而体现生态效益和景观效益。

图 4-1 乡村主干路道路林

1. 乡村主干路道路林的构建要点

(1)树种配置要点。乡村主干路道路林多为落叶阔叶林,树种以树冠宽阔、绿化覆盖度高、形态优美的乔木为主。乡村主干路道路林范围广、长度长、覆盖度大、维护成本高,因此,道路林在配置时要优先选用生长快、抗污染、耐贫瘠、易打理、维护成本低的树种。

(2)建设宽度与密度。乡村主干路道路林栽植以行列式为主,一般主干路宽度大于 4 米的,要求两侧至少各种植 1 列行道树,有条件的可种植 2~3 列。行道树株间距离通常为 8~10 米,也可以根据需要加密为 5~6 米。

(3)树体大小。苗木的胸径一般为 10~12 厘米,这样才能在较短的时间内看到效果。树体的大小应尽量整齐统一,避免因高低不一、粗细不等、冠幅面积各异而影响美观以及带来维护管理上的不便。

2. 乡村主干路道路林的植物配置模式

乡村主干路道路林的植物配量模式主要有规则式和自然式两种。

(1)规则式。规则式包括简单列植和交替配植,简单列植又包括行状列植(1 排)和带状列植(2 排及以上)。简单列植适用于树龄相近、树种相同的行道树,用作乡村防护林带及作为树障或村庄背景。交替配植是指两种树种位于道路两侧前后成行排列,或以树木构成的图案为一个序列呈交替式间隔排列。这种规则式营建模式适用于较宽且周边为农田或住宅地的道路,在保证良好视线的同时又有一定的遮阴效果。根据村庄道路特征合理安排树种,营建出一种和谐稳定的道路景观。乡村主干路道路林植物配置模式如图 4-2 所示。

(2)自然式。根据道路两侧种植用地的实际宽窄,合理布置树种,包括树种的组成和比例,并力求形成近自然群落。其树种配植的形式极为丰富多样,可以采用孤植、散点式、点植、丛植、群丛式配植、不规则片植等多种配置方式,以达到自然式的配置效果。自然式种植中孤植树种应选择形态优美而高大、树叶茂密、树冠开阔、寿命长、抗灾性好或具有其他观赏价值的树木，以期达到点睛之笔的作用；不规则片植则是选用单一或两种不同年龄、冠幅、生长状况的树种，在模仿自然的基础上增添设计要素，呈现一种富有艺术性的种植效果。另外，选择有花或有果可赏的树木，营造成一片小型纯林，会比丛植更有气势。

图 4–2　乡村主干路道路林植物配置模式

乡村主干路道路林造林树种应以大乔木为主，可选择香樟、榉树、法国梧桐、榆树、鹅掌楸、刺槐、楝树等树种。

二　乡村支路道路林营建

乡村支路是指道路宽度为 3 ~ 5 米，连接村庄内部交通，以非机动车交通、人行功能为主，同时还具备集散交通作用的一种道路体系。乡村支路道路林应多选用乡土树种以体现乡村景观风貌特色。

1. 乡村支路道路林的构建要点

（1）树种配置要点。支路道路林多选用常见的当地落叶树种与常绿树种，由于乡村道路使用性质的原因，应选择抗污染、耐贫瘠、养护成本低的树种，并保留原有树种，保证乡村自然风貌，使得乡村道路中支路两旁绿树成荫，四季有景，融入乡村风俗文化，同时起到很好的绿化与美化环境的效果，如图 4–3 所示。

图 4–3　乡村支路道路林

(2)配置模式。乡村支路通常连接乡村干路和巷路,道路林宽度较小,因此乡村支路道路林营建可分为乔灌混交配置模式和近自然式配置模式。在进行道路乔灌混交模式配置时要做到景观层次丰富,尽可能应用当地树种营造具有本土特色的道路景观。近自然式模式配置时要注重文化氛围感的营造,注重群落结构的稳定性和景观总体美学特性。由于绿色视觉感受最为直接,近自然式配置应有高绿化覆盖率和高郁密度。

2. 乡村支路道路林的植物配置模式

乡村支路道路林的植物配置模式主要有乔灌混交配置和近自然式配置两种。

(1)乔灌混交配置。一般来说,乔木可以起到防风、隔离噪声和醒目的效果,而且乔木和灌木树种组合的配置模式生长时间有规律可循,因此选择乔木和灌木混合类型可以得到更好的效果,能够营造具有层次感并且系统稳定的氛围,实施的可能性也相对较高。此外,道路林营造的生态系统不仅可以实现地表覆盖,还可以促进树木生长,实现防护功能和景观功能。

(2)近自然式配置。近自然式配置根据道路的实际情况,结合道路两旁的自然环境,种植适宜树种,并与原环境树种相结合,打造近自然式的道路林。通常配植一些常见乔木,如桂花、雪松、广玉兰等。同时,选择具有当地特色的花灌木,以体现当地景观特色,并有效满足道路的安全要求。道路两侧应以乔木、灌木、地被植物相结合的形式种植,同时要注意地被植物与道路边缘交界的处理。

乡村支路道路林植物配置模式如图 4-4 所示。

图 4-4　乡村支路道路林植物配置模式

三　乡村巷路道路林营建

巷路应以人行功能为主,常常与乡村主干路和支路相连接,巷路两旁或一旁有乡村住宅,路幅较窄,一般宽度为 1 ~ 3 米,并应符合现行国家标准《无障碍设计规范》(GB 50763—2012)的有关规定。巷路道路林是乡村道路绿化的基本组成单位，代表一个村庄绿化景观的立体艺术形象，体现一个地区的植物文化特色，如图 4-5 所示。巷道林分为零星散布型和果树林木混交型，通过连接散落在村庄内的绿地形成一条条带状绿地，进而构成完整的乡村绿地系统。

图 4-5　乡村巷路道路林

1. 乡村巷路道路林的构建要点

(1)多元发展。乡村巷路道路林构建应根据不同道路特点，考虑乔灌木混合种植，构建适应当地环境的多层次、多色彩、多变化的道路景观。巷路道路林的建造方式并不是简单的乔木、灌木和草本植物的搭配，应充分利用种植密度，植物纹理、形状、颜色和数量，营造出功能合理、富有艺术美的巷路道路林。科学合理的植物配置可以促进巷路绿化景观的多元化发展。

(2)联系道路与房屋。乡村居住建筑多为一层，因此占地面积大，每家每户之间通过巷路连接，巷路再与干路或者支路连接。巷路林可以营造微田园，提升乡村整体绿化水平。选择树种时尽量选择乡土树种，如树冠大、枝叶密的落叶阔叶树种以及长势好、易管理的常绿树种，还可以选择一些开花灌木、耐阴攀缘植物以及有利于环境保护和有一定经济效益的树种等，如梓树、香椿、香樟、榆树、鹅掌楸、紫薇、枣树、枇杷树、石榴树、桂花树、女贞树、爬墙虎、常青藤等。

2. 乡村巷路道路林的植物配置模式

乡村巷路道路林植物配置模式可分为零星散布型配置和果树林木混交型配置。

（1）零星散布型配置。零星散布型多适用于巷路两旁住宅建筑较多或住宅与巷路之间的间隙很小的情况，因此只能在其中零星栽植几株乔木或灌木，改善局部小气候，具有降温和避暑功能。

（2）果树林木混交型配置。果树林木混交型通常适用于村民住宅附近及巷路对面的小块空地，主要体现实用性和经济性。在树种选择上，选择枝叶较密的树种，可增强遮阴降温的效果。同时，种植的植物和原有树种的线条要尽可能融合，展现简单明快的效果。

乡村巷路道路林植物配置模式如图 4-6 所示。

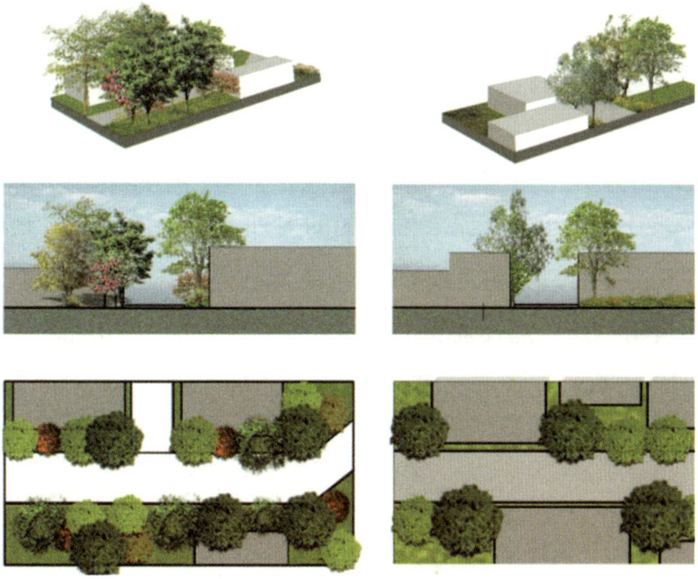

图 4-6　乡村巷路道路林植物配置模式

第三节　乡村道路林树种选择

选择乡村道路林的树种时，需要考虑树种不同的生长发育习性、形态特征、观赏和经济价值及其是否对特殊环境有所需求等。首先，要优先选择优良的乡土树种，乡土树种适应能力强，具有易于成活、生长良好、种源多、繁殖快、耐瘠薄、抗逆性强、病虫害较少等优点。选择具有安全性、经济性和舒适性特点的乡土树种，既节省成本又能反映不同乡村的风貌特色。其次，应注意搭配常绿树种与落叶树种以及结合使用速生树种与慢生树种。速生树种有利于较快形成道路林景观，早日发挥绿化效果，与慢生树种合理搭配可达到较好的景观及生态效果；而落叶树种季相变化明显，更能展示富于变化的乡村景观特色，在冬季时不妨碍采光取暖，实用性较高。此外，选择行道树种，要充分考虑行人与行车安全，关注树种的枝下高、树皮光滑度及树皮颜色，并且不应产生植源性污染等。

一　乡村主干路道路林

营建乡村主干路道路林应根据道路所处的实际环境，选择具有滞尘降噪、防风防沙、防止水土流失等功能的树种，以树形优美、树冠宽阔、树木枝下高较大、生长快、耐贫瘠、维护成本低的乔木为优选树种。此外，乡村主干路道路林还可选择优良的用材树种、果树、油料和能源树种等，为乡村居民增产增收。

1. 香樟

科属	樟科樟属
株高	高达 30 米
特征	常绿大乔木，树冠广卵形，枝、叶、干、根均具樟脑气味
习性	喜光，稍耐阴，喜温暖湿润气候和肥沃深厚的酸、中性沙壤土
用途	行道树、庭荫树、园景树等
适用地区	皖南、大别山区南坡海拔 500 米以下山地、丘陵都有分布

2. 三球悬铃木

科属	悬铃木科悬铃木属
株高	高达 30 米
特征	落叶大乔木，树冠阔钟形，叶掌状 5~7 裂，聚花果球形
习性	喜光，喜湿润温暖气候，较耐寒，适生于微酸性或中性、排水良好的土壤
用途	行道树、庭荫树等
适用地区	安徽省各地都可栽植

3. 鹅掌楸

科属	木兰科鹅掌楸属
株高	高达 40 米
特征	落叶大乔木，树冠圆锥状，树皮灰白色，叶马褂状，花黄绿色
习性	喜光，喜温暖湿润气候，有一定的耐寒性
用途	行道树、庭荫树等
适用地区	安徽歙县、休宁、舒城、岳西、潜山、霍山等地均可栽培

二 乡村支路道路林

乡村支路道路林应体现乡村自然特色，而乡土树种最能体现当地风貌，因此，应优先选用当地的落叶树种和常绿树种，以保证乡村自然风貌的延续，还可以融入乡村风俗文化，起到很好的文化景观增色效果。

1. 榉树

科属	榆科榉属
株高	高达30米
特征	落叶乔木，树皮灰白色或褐灰色，叶卵形、椭圆状卵形或卵状披针形，核果，花被宿存
习性	喜光，喜温暖气候及肥沃湿润土壤，在酸性、中性及石灰性土壤上均可生长
用途	行道树、庭荫树、风景林等
适用地区	江淮丘陵和皖南及大别山区

2. 楝树

科属	楝科楝属
株高	高达20米
特征	落叶乔木，树冠圆球形，树皮暗灰色，二至三回奇数羽状复叶，小叶椭圆状卵形、长卵形、椭圆状披针形或卵状披针形
习性	喜光，不耐阴，喜温暖湿润气候，耐寒力不强，耐水湿，生长迅速，适应性较强
用途	行道树、庭荫树等
适用地区	在安徽各地广泛栽培，为低山、丘陵、平原四旁绿化常见树种

3. 梓树

科属	紫葳科梓属
株高	高达 15 米
特征	落叶乔木，树冠伞形，树皮褐色或黄灰色，叶阔卵形对生或轮生
习性	喜光，喜温暖湿润气候，有一定的耐寒性，生长迅速，喜深厚、湿润、肥沃、疏松的中性、微酸性土壤
用途	行道树、庭荫树、园景树等
适用地区	在安徽各地广泛栽培

三 乡村巷路道路林

乡村巷路一般较窄且两侧紧邻房屋，因此巷路道路林大多保留自然生长的乔木、灌木，适当修剪，同时适量搭配一些常见的落叶树种，在保留其自然风貌和村庄特色的同时，使得巷路林更整洁美观。

1. 刺槐

科属	豆科刺槐属
株高	高达 30 米
特征	落叶乔木，树冠椭圆状倒卵形，树皮灰褐色至黑褐色，奇数羽状复叶，小叶卵状长圆形或椭圆形，花白色，有香味，总状花序
习性	喜光，不耐阴，耐干旱瘠薄，在碱性、酸性、中性、轻盐碱土上均能生长
用途	行道树、庭荫树等
适用地区	安徽平原、丘陵常见造林树种

2. 榆树

科属	榆科榆属
株高	高达 25 米
特征	落叶乔木，树冠圆球形，树皮暗灰色，叶椭圆状卵形、长卵形、披针形
习性	喜光，喜湿润、肥沃深厚土壤，干旱贫瘠处也能生长，适应性强
用途	行道树、庭荫树、防护林等
适用地区	安徽南北各地均有分布，垂直分布于海拔 400 米以下，为平原、丘陵地区常见树种

3. 香椿

科属	楝科香椿属
株高	高 10～15 米
特征	落叶乔木，树皮暗红褐色，小叶对生，椭圆形，有香气，圆锥状花序顶生或腋生，朔果狭卵圆形
习性	喜温，喜光，不耐阴，较耐水湿，喜深厚、肥沃、湿润的沙质土壤
用途	行道树、庭荫树、四旁绿化等
适用地区	多分布在海拔 500 米以下山地和平原地区。安徽省各地栽培普遍，尤以太和县最为有名

第四节　乡村道路林营建案例

一　乡村主干路道路林营建案例

洪家疃古村落位于安徽省中南部，地处典型的江淮丘陵地区，2014年底，洪家疃村入选第三批中国传统村落名录，并晋升为中国特色景观旅游名村，实现了合肥市“国字号”名村的两个唯一。洪家疃村被山、岗和冲所包围，北面耸立着大黄山（西黄山）、二黄山、三黄山、团山、稞子山、窝子山和战山七座山峰，全村春夏秋冬风景怡人，整体绿化水平较高，道路林建设较为完善，如图 4-7 所示。

图 4-7　乡村主干路道路林（巢湖市黄麓镇洪家疃村）

陵园路是洪家疃村的主干路，道路宽 5 米，为双向二车道，柏油路面。主干路两侧道路林均为近自然式配置方式。道路西侧主要为常绿乔木与落叶乔木的混交林，有枫杨、香樟、刺柏、紫薇、构树等；东侧主要为常绿乔木、落叶乔木、灌木、草本植物混交林，有构树、香樟、圆柏、水杉、楝树、桂花树、垂序商陆等。

洪家疃村主干路道路林空间结构具有层次感，充满乡村野趣，西侧道路林长势较好，但东侧道路林树木长势稍差，需要更好的养护和管理。

二 乡村支路道路林营建案例

长刘村地处安徽省合肥市肥西县紫蓬镇东北侧，面积约 7.5 平方千米，地理位置优越，交通便捷，上小路、森林大道、合武铁路穿村而过，宁西铁路侧边而行。全村修通循环水泥路 7.5 千米，村村通砂石路 10 千米。2021 年 1 月，长刘村被认定为 2020 年度安徽省美丽乡村示范村。长刘村支路道路林如图 4–8 所示。

图 4–8　乡村支路道路林(肥西县紫蓬镇长刘村)

长刘村支路路面为水泥材质，宽 3 米，道路林营建方式为近自然式，主要树种有合欢、香樟、乌桕、无患子、构树、紫薇等。长刘村支路四通八达，两侧绿化较好，是较为适宜的乡村交通空间。

三 乡村巷路道路林营建案例

洪家疃村巷路四通八达，宽度在 1.5~2.0 米，部分巷路一侧修有明沟。由于巷路较窄且大多紧邻房屋，巷路两侧常不栽植乔木或只零星栽植少量乔木。巷路虽窄，空间有限，但已尽量绿化，给村民创造了宜人的生活环境，如图 4-9 所示。

图 4-9　乡村巷路道路林(巢湖市黄麓镇洪家疃村)

第五章 乡村水岸林

乡村即村落或乡村聚落，一般都风景怡人，较适合人群居住。水系是乡村形态结构的重要组成部分。随着乡村城市化进程的加快，人们在不断向河流索取资源的同时也忽略了对河流的保护。人们试图使用硬质驳岸、加高堤坝来抵御洪涝灾害，或把水岸当作天然的垃圾场，或为了眼前的经济利益过度砍伐水岸林，这些行为造成乡村水岸林生态系统退化和植被的缺失，严重影响了乡村水岸林的生命力，降低了当地村民的生活质量。因此，保护与完善乡村水岸林变得十分必要。

第一节　乡村水岸林的概念、功能及特征

一　乡村水岸林的概念

乡村水岸林是指包括在村庄居住区内及其附近的湖泊、水库、江河、溪流、沟渠、池塘等水岸沿线所有林木的总和。在乡村池塘、沟渠和河(溪)是较为常见的，是乡村水岸林营建的重点。

二　乡村水岸林的功能及特征

1.乡村水岸林的功能

乡村水岸林生态、景观、经济功能显著。生态方面，水岸林可以保持水

土、净化水质、增强土壤抵抗雨水和河流侵蚀的能力。乡村水岸林对于乡村景观有重要意义，能展现富有地域特色的优美乡村水岸景观，在一定程度上代表着一个村庄的形象，是提升乡村景观质量、塑造乡村新形象的重要区域，见图 5-1。乡村景观面貌和环境质量的提升，有利于扩大乡村的影响范围，吸引各地游客前来游览体验。旅游产业链的发展能为当地村民带来经济收入，解决就业问题，这是水岸林的经济功能。因此，乡村水岸林的营造，将会对当地水源涵养、蓝绿环境提升、经济收入的增加等方面产生重要价值。

图 5-1　乡村水岸林

2.乡村水岸林的特征

乡村水岸林包含了当地的历史文化和民族传统，有着传承乡村传统文化的作用。乡村水岸林还具有开放性和多样性，根据水岸林所处地理条件的不同，水岸林在植物组成、空间结构等特征上有很大差别。乡村水岸林伴随水系蜿蜒于乡村的各个区域，多变而又统一的水岸林能有效地组织河岸的空间序列，能够为人们提供便捷、休闲的绿色开放空间。乡村水岸林连接着水域与陆地两种生态系统空间，其任何一个环节出现问题都会给两边的生态系统以及自身带来较大的影响。

第二节　乡村水岸林的营建要点

根据调查，安徽地区村落内的水系主要有池塘、沟渠、河流、水库、湖泊五种形式，这五种水系的乡村水岸林形态分别有带状水岸防护林和片状水岸防护林两种。另外，水岸林有堤内、堤上、堤外三种位置关系，结合乡村水岸林的形态和位置关系，总结得出四种乡村水岸林营建模式，即乡村水岸堤外片状水岸防护林模式、乡村水岸堤上带状水岸防护林模式、乡村水岸堤内带状水岸防护林模式以及乡村水岸堤内片状水岸防护林模式。

一 乡村水岸堤外片状水岸防护林模式

乡村水系中的土质与沟渠、河流、池塘边的土质一致时，这些区域会有水浸入，与其他水岸相比更湿润，地下水位更高，因此在树种选择上对于耐涝性有更高的要求。合理规划与种植堤外水岸林，可以打造自然野趣的水岸景观，同时发挥水岸林强大的景观生态功能。根据植物群落的结构，乡村水岸堤外片状水岸防护林模式分为乔草式、灌草式两个亚类。

1.乔草式

乔草式适于相对较窄的河滩地。这里有姿态丰富多样的乔木和水生植物，通过水面的映照可以使水岸的景观性和趣味性倍增，如图5-2所示。

(1)树种选择。乔草式水岸防护林由乔木和湿生草本植物组成，由于水岸长期遭受水的侵入，要选择能耐受高水位的乔木，如垂柳、水杉、池杉、枫杨、木芙蓉等。河道常水位上栽植水生草本植物，可选择具有水体净化功能的湿生植物，如菖蒲、蒲苇、水葱、再力花等。

图 5-2　乔草式堤外片状水岸防护林

（2）配置要点。生态方面，乔木强大的植物根系可以防止河滩、沟渠受到水流的冲刷，减少水土的流失；另外，乔木的根系以及湿生植物还可以对河流内的废水、重金属、病原体进行滞留、分解、过滤，使水中有害物质得到调控，改善环境污染，净化乡村水质，进而维持水体内生态系统和水岸生态系统的稳定平衡。垂柳姿态柔软，千枝万条随风飘扬，给河岸带来勃勃生机；而水杉、池杉、落羽杉等树干挺拔俊秀，春夏季节叶色翠绿，入秋后叶色由金黄色慢慢过渡到红色，给河岸带来了不一样的色彩，具有很好的观赏性；菖蒲、蒲苇柔软的叶片和花序点缀河岸，作为亚层结构增加了水岸的物候景观，创造出水岸丰富美观的层次感。

（3）乔草式水岸防护林配置模式如图 5-3 所示，选用垂柳、水杉、水葱等植物，组合配置成乔草式水岸防护林。

图 5-3 堤外片状乔草式水岸防护林植物配置

2.灌草式

灌草式适用于河滩、沟渠和较窄的河流。沟渠内水量小、流速慢，枯水季可能会断流，丰水季可起到泄洪的作用。

(1)树种选择。灌草式水岸防护林由灌木和草本植物组成，灌木可选择木槿、迎春等，湿生植物可选择灯芯草、菖蒲、梭鱼草、芦苇等。

(2)配置要点。灌草式的植物配置护岸护坡效果好，可以调节乡村水文循环系统，减少水分蒸发，调节径流，减少沟渠两侧泥土的流失，防止沟渠堵塞和河道的河床抬高。灌草式可与乔草式交互配置，给林冠线带来变化，增加景观效果。木槿是夏秋季的重要观花灌木，观赏价值极高；同时，茎皮富含纤维，可入药，对于村民来讲有重要的经济价值。除此之外，木槿对环境的适应性很强，较耐贫瘠，有利于水岸林的后期维护；迎春是丛生灌木，枝条纤长优美，可作为沟渠两侧的篱带，景观效果显著；水葱、梭鱼草等水生植物，可以为鱼虾提供良好的生境条件，增加生物多样性。

二 乡村水岸堤上带状水岸防护林模式

堤上带状水岸防护林适于人工加固或者新修建的、狭长且规律的堤坝，堤上植物以带状分布，如图 5-4 所示。河流、池塘、水库、湖泊是乡村居民休闲观景的好去处，但是僵硬的直线型水岸和池塘、水库、湖泊等大片无序、无阻隔的水域，不仅生态防护能力较弱，景观效果也非常单调。水岸林可以通过植物配置柔化水岸边缘，打造柔美、自然的曲线感，运用乔木进行遮挡和掩映，便能巧妙地分隔空间，使得彼此互相独立又巧妙统一，营造人与动植物和谐共生的生态水岸。根据植物群落的结构，乡村水岸堤上带状水岸防护林模式分为乔灌草式、乔草式两个亚类。

图 5-4　堤上带状水岸防护林

1.乔灌草式

乔灌草式堤上带状水岸防护林适用于堤坝相对较宽的池塘、水库、湖泊水岸。乔灌草式有三层结构，能够形成多层次的植物群落结构，体现水岸林的物种多样性。

(1)树种选择。乔灌草式水岸防护林由乔木、灌木和草本植物组成,乔木可选择乌桕、枫杨、枫香、构树、朴树、垂柳、桑树、桃树等,灌木有月季、木槿、黄杨、石楠、女贞等,草本有狗牙根、沿阶草、狼尾草、飞蓬、鸢尾等。

(2)配置要点。乔灌草式水岸防护林固定范围内垂直绿量多,更加有利于水岸植物群落的稳定性,调节局部小气候。景观上,利用动态的水体,结合静态的植物景观,营造出动静结合的和谐氛围,给人以美好的感受。桃树、竹子、桑树不仅有良好的景观效果,还是优良的经济林果树种,能给村民带来经济收入。狼尾草、飞蓬、狗牙根等为野生草本植物,可用来喂食家畜,同时还是良好的固土植物。除此之外,它们作为乡土植物能够适应多种生长环境,生长状态好,管理维护费用低,经济效益较高。

2.乔草式

乔草式堤上带状水岸防护林由乔木和草本植物组成，适用于堤坝面较窄的河流、池塘水岸。与乔灌草的营建模式比,乔草式的水岸林视觉上更通透,使用频率更高。

(1)树种选择。乔木有水杉、池杉、枫香、枫杨、乌桕、朴树、苦楝、紫叶李、日本晚樱等,草本有车前草、麦冬、狗牙根、鸢尾、马蔺等。

(2)配置要点。乔草式水岸林可选择大、小乔木进行配置,兼顾到乔草群落形态的立体形式和外围轮廓,形成富有韵律的植物景观。柳树、枫杨等强大的根系和浓密的树冠,能够保持水土、防风固沙,起到较好的防护、隔离作用。在枫杨、乌桕等大乔木前配置观花、观叶的小乔木紫叶李,通过色彩、质感、体量的对比可增加水岸的趣味性,给予村民视觉上的享受。水杉、池杉进行列植时,树干挺拔,林冠线统一整齐,水中倒影宁静、优雅,给人整齐均衡的美感。除此之外,还可以偶尔设置零星美观的孤植树种,如枫香、乌桕等,作为辅助树种来进行配置,给水岸景观带来视觉上的跳跃感;鸢尾、马蔺、麦冬作为底层草本,开花时对水岸起到较好的点缀效果。

(3)乔草式堤上带状水岸防护林配置模式如图 5-5 所示，选用楝树、构树、车前草等植物，组合配置成乔草式水岸防护林。

图 5-5　乔草式堤上带状水岸防护林植物配置

三　乡村水岸堤内带状水岸防护林模式

堤内带状水岸防护林模式适用于河岸堤坝以内的带状水岸，池塘水岸、沟渠水岸、河流水岸、水库水岸、湖泊水岸等都能选用此营造模式。这些水岸的土壤状态良好，生境条件稳定，能为多种树种提供良好的生长条件，因此对于树种的选择要求也相对较低，如图 5-6 所示。堤内带状水岸防护林在防沙固土、巩固堤坝方面起到重要作用，生态效益显著，主要分为乔灌草式和乔草式两个亚类。

图 5-6　堤内带状水岸防护林

1.乔灌草式

乔灌草式堤内水岸防护林由乔木、灌木和草本植物组成，适用于堤坝较高或者意图打造休闲娱乐式临水景观的水岸。

(1)树种选择。乔木可选择乌桕、垂柳、水杉、池杉、香樟、银杏、楝树、朴树、枫杨、枫香、刺槐、湿地松、丁香、紫叶李、白玉兰、毛泡桐等；灌木可选择月季、木槿、金边黄杨、八角金盘、石楠、海桐、夹竹桃等；草本可选择麦冬、诸葛菜、狗尾草、石蒜、鸢尾、黑麦草、花叶蔓、紫茉莉等。

(2)配置要点。乔灌草的配置模式植物丰富且具有层次性，能较好地延续水岸的自然状态，使水岸生态系统稳定，形成良好的动植物栖息地。对于乔灌草进行统筹规划，形成连续、多样化的水岸景观，在带状水岸防护林内规划人行交通系统，将水岸、植物景观、地域文化等联系起来，打造开放的绿色公共空间，是村民休闲娱乐的好去处。构树枝叶茂密且有抗性强、生长快、繁殖容易等优点，果实酸甜可食用，是乡村绿化的重要树种之一。乌桕姿态优美秀丽，种植在水边能够起到较好的点缀效果。

乔灌草式堤内带状水岸防护林配置模式如图 5-7 所示，选用垂柳、乌柏、木槿、黄杨等植物，组合配置成乔灌草式带状水岸防护林。

图 5-7 乔灌草式堤内带状水岸防护林植物配置

2.乔草式

乔草式堤内带状水岸防护林由乔木、草本植物组成，适用于水域面积较宽广的湖泊、水库、池塘水岸。

(1)树种选择。乔木可选择桑树、枣树、桃树、柿树、垂柳、水杉、池杉、杨树、臭椿、楝树、朴树、乌柏、枫杨、毛泡桐等，草本有车前草、狗尾草、白车轴草、沿阶草、黑麦草等。

(2)配置要点。湖泊、水库、池塘水域面积大，周围的自然条件良好，用带状的乔草式能够维护边缘水环境，能排除外界对水域的干扰，涵养水源，净化水质，打造宜居的乡村人居环境。以乔木为主的水岸林，结构较为简单，可以种植经济实用性树种，如桑树、枣树、桃树、柿树等，不仅能营造优美的景观效果，还能产生良好的经济效益，有利于实现乡村的可持续发展。

四 乡村水岸堤内片状水岸防护林模式

堤内片状水岸防护林模式适用于池塘水岸、沟渠水岸、河流水岸、水库水岸、湖泊水岸等堤坝以内的成片区域，这种营造模式是树种组成最复杂的一种，多由乔木、灌木、草本进行组合配置，如图 5-8 所示，能够营造出近似自然的群落特征。该模式主要类型为乔灌草式。

图 5-8 堤内片状水岸防护林

(1)树种选择。乔木包括乌桕、山乌桕、枫杨、枫香、水杉、池杉、落羽杉、三角枫、栾树、垂柳、楝树、杨树、榆树、构树、朴树、臭椿、马尾松、毛泡桐、丁香、紫叶李、白玉兰等；灌木有石榴、木槿、杜鹃、迎春、月季、女贞、石楠等；草本有狗尾草、狼尾草、飞蓬、白车轴草、大丽花、百日草等。

(2)配置要点。堤内片状水岸防护林模式植被茂密，能产生大量的负氧离子，净化空气，有一定的康养作用，有利于村民身体健康。水岸作为水体边缘和陆地的交错区，被生态学家誉为“生态过渡带”，有着高频率的物质能量流动以及多种类的生物群落，多样的植物组成还能形成较好的生态环境，有助于提升乡村的生物多样性。乔灌草的搭配自由多变，通过色彩、线条、远近、节奏变化进行优化组合，同时因地制宜地利用堤岸的高差变化，形成错落有致的水岸景观。深受广大人民喜爱的植物，如乌桕、山乌桕、枫杨、枫香、水杉、池杉、落羽杉、三角枫、栾树等是优美的秋色叶树种，每到金秋时节，秋色叶树种竞相变色，色彩斑斓，美不胜收，在为村民提供休闲游憩好去处的同时又可吸引外地游客，能够为乡村带来旅游服务方面的经济收入。

乔灌草式堤内片状水岸防护林配置模式如图 5-9 所示，选用枫杨、枫香、乌桕、桑树、紫薇、狗尾草等植物，组合配置成乔灌草式水岸防护林。

图 5-9　乔灌草式堤内片状水岸防护林植物配置

第三节　乡村水岸林树种选择

在乡村水岸林建设的过程中不管是树种选择还是栽植技术都会直接影响建设的质量，所以只有根据所处环境正确选择树种才能够确保树种的正常生长，建立和谐、稳定的水岸林生态系统。

一　堤外片状水岸防护林常用树种

由于乡村水系堤外区域常有水浸入，所处生境条件特殊且多变，容易受环境影响，所以应结合生境特点合理选择树种。在树种选择上应充分结合现实自然资源条件，选择耐水湿、抗冲刷、耐盐碱、抗性强的植物，最大限度提高树种存活率、降低建设成本，展现地方特色。

乔木要选择能耐受较高水位的树种，如垂柳、木芙蓉、水杉、楝树等，灌木方面可选择木槿、迎春、八角金盘等，草本可选择具备净化水体功能的湿生植物，如菖蒲、蒲苇、再力花、水葱等。

1. 垂柳

科属	杨柳科柳属
株高	高达 18 米
特征	乔木，树冠倒广卵形，树皮灰褐色，叶狭披针形至线状披针形，花为柔荑花序
习性	喜光，较耐寒，极耐湿，适生于潮湿深厚的酸性土壤及中性土壤，生长较为迅速，树干易老化
用途	行道树、固岸护堤树、水土保持树等
适用地区	安徽省南北各地水边常有栽植

2. 水杉

科属	杉科水杉属
株高	高达 35 米
特征	落叶大乔木，树冠尖塔形，树皮灰褐色，叶侧生，小枝排成羽状，花为总状花序或圆锥花序
习性	喜光，耐寒，适应性较强，适生于深厚肥沃的酸性土，耐轻度盐碱
用途	行道树、庭院观赏树、风景林等
适用地区	安徽从南到北广泛栽植，主要适生于沿淮、沿江广大水网地

二 堤上带状水岸防护林常用树种

堤上带状水岸防护林适用于进行过人工加固以及新修建的乡村河流堤坝上，栽植树种需要根据所处堤坝的条件进行合理选择，做到适地适树，沿水而展，随路而转，遇房而变，进而展现水岸林特色。堤坝护岸上选择根系发达的树种固土护坡，水域面积较大的水岸可以选择姿态优美的树种对水岸空间进行划分，使水岸开合有致。

乔木可考虑乌桕、枫杨、朴树、桃树、紫叶李、苦楝等；灌木可选择月季、木槿、黄杨、石楠、女贞等；草本植物可选择麦冬、狗牙根、车前草、狼尾草、鸢尾等。

1. 枫杨

科属	胡桃科枫杨属
株高	高达 30 米
特征	落叶大乔木，树冠宽广，树皮灰色，花期 4-5 月份，果熟期 8-9 月份
习性	喜光，较耐严寒，对土壤要求不严，萌芽力很强，初期生长较慢，后期生长速度加快
用途	护岸固堤树、行道树等
适用地区	在安徽南北各地广泛分布，多沿沟谷两旁种植

2. 乌桕

科属	大戟科乌桕属
株高	高达 15 米
特征	落叶中乔木，树冠圆球形，树皮暗灰色，叶纸质，菱状广卵形，总状花序顶生
习性	喜光，稍耐水涝，适生于深厚肥沃而水分丰富的土壤，生长较快
用途	行道树、护堤树、风景林等
适用地区	安徽各地均可栽植

三 堤内带状水岸防护林常用树种

堤内水岸的土壤条件较良好，生境条件能够较好地满足多种植物所需的生长条件，所以在堤内可供选择的植物较多，所选择的树种应具有防沙固土、保护堤坝的功能以及能展现生态价值和景观价值。采用乔、灌、草的植物种植方式形成较好的立体绿化植物景观，充分发挥绿地效益。

乔木可选择能够展现水边特色和生态效果的植物，如垂柳、乌桕、池杉、香樟、枫杨、枫香、刺槐、湿地松、垂丝海棠、毛泡桐、白玉兰等；灌木可选择金边黄杨、夹竹桃、月季等；草本植物可选择麦冬、诸葛菜、石蒜、花叶长春花等。

1. 池杉

科属	杉科落羽杉属
株高	高达 25 米
特征	落叶乔木，树冠窄尖塔形，树皮褐色，叶钻形，雄球花排列成圆锥花序，雌球花单生，多数聚生
习性	喜光，稍耐寒，极耐水湿，适生于深厚、湿润的酸性土，抗风力强，萌芽力强，速生树种
用途	防护林、四旁绿化等
适用地区	在低湿地生长良好，安徽各地普遍栽植

2. 毛泡桐

科属	玄参科泡桐属
株高	高达 27 米
特征	乔木，树冠宽卵形或圆形，树皮灰褐色，花聚伞圆锥状花序
习性	喜光，耐寒，耐旱，耐盐碱且耐风沙，抗性很强
用途	庭院树、防护林等
适用地区	安徽各地生长良好

四 堤内片状水岸防护林常用树种

堤内片状水岸防护林作为生态学家口中的“生态过渡带”，在树种选择方面要考虑能够发挥生物多样性来维系水岸生态系统平衡，保持群落稳定性，减少后期维护成本，同时充分利用植物的色彩、体量、质感、形态等，发挥其观赏特性，营造富有季相变化的水岸林植物景观。

乔木可选择乌桕、枫杨、枫香、落羽杉、栾树、桑树、鸡爪槭、垂柳、马尾松等，灌木可选择石榴、杜鹃、木槿、迎春、女贞等，草本植物可选择狗尾草、飞蓬、大丽花、百日草等。

1. 桑树

科属	桑科桑属
株高	高达 7 米
特征	落叶乔木，树冠倒卵圆形，树皮黄褐色，叶卵形，花雌雄同株，聚花果卵状椭圆形
习性	喜光，较耐寒，适生于土层深厚、肥沃湿润的土壤，生长快，耐修剪
用途	风景林、庭院树、四旁绿化等
适用地区	安徽各地均可栽植

2. 落羽杉

科属	杉科落羽杉属
株高	高达 50 米
特征	落叶大乔木，树冠圆锥形，树皮棕色，叶条形，总状花序状或圆锥花序状
习性	喜光，极耐水湿，能生长于浅沼泽中，有一定抗风性
用途	水岸林、庭院树等
适用地区	安徽各地广泛引种栽植

第四节　乡村水岸林营建案例

一　乡村水岸堤外片状水岸防护林

安徽省巢湖市黄麓镇洪家疃村堤外片状水岸防护林如图 5-10 所示，该水岸林树种长势良好，树种丰富，能净化地表径流，林木的根系以及湿生植物还可以对池塘内的生活废水、重金属、病原体进行滞留、分解、过滤、净化，使水中各物质得到调控，维持水体内生态系统的稳定。水岸生态良好，为鸟类、两栖动物等提供理想的生态栖息地，构建人类、动物、植物和谐共生的互动空间。

水岸林主要由朴树、枫杨、构树、刺槐、山乌桕等组成，树干形态优美，岸边有自然生长的狗尾草、飞蓬作为底层护岸草本，零星种植的芦苇地下根茎发达，能够较好地保持水土。但是该水岸林的驳岸上缺少水生植物，生态功能没有达到最优化。建议补植芦苇、菖蒲、水葱、梭鱼草、千屈菜等水生植物，以净化水质，为鱼虾等提供良好的栖息地；千屈菜花朵繁茂，开花时间长，景观效果好；秋天狗尾草、芦苇、菖蒲等景观效果也同样显著。

图 5-10　堤外片状水岸防护林（巢湖市黄麓镇洪家疃村）

二　乡村水岸堤上带状水岸防护林

安徽省合肥市肥西县紫蓬镇长刘村水岸有丰富的植被，如图 5-11 所示，树木种植开合有致，疏密得当，既能够对沟渠水岸进行防护、隔离，又能够形成优美的水岸空间，为人们提供进一步亲近自然的机会，构建了村民可以享受绿化生态的滨水空间。

水岸林主要由桃树、朴树、杨树、构树等组成，树木生长旺盛，垂直绿量大，能够起到一定的生态防护作用。大乔木同时能巩固水岸土壤，水岸植物的枯枝落叶丰富且易分解，土壤吸收大量的营养物质，进一步给林木提供养分，形成良性循环，使水岸林的保肥保水功能得到显著提升。岸边自然生长的飞蓬、狗尾草长势较好，能够护土固坡，为两栖动物和昆虫提供栖息地，以期恢复水岸的生物多样性。

图 5-11　堤上带状水岸防护林(肥西县紫蓬镇长刘村)

三　乡村水岸堤内带状水岸防护林

安徽省合肥市肥东县长临河镇胡光村堤内带状水岸防护林如图5-12所示,该水岸林植被丰富,景观优美,是村民休闲娱乐的绿色公共空间。在这里,村民的精神、情感会得到进一步升华,提升了村民生活幸福感和乡村归属感。另外,乡村水岸林能净化水质,增加乡村的生物多样性。通过宣传,让村民的环保意识得到提升,在乡村范围内营造出保护环境的良好氛围。村民环保意识的提升与乡村建设能形成一种良性循环,进而促进乡村生态文明的建设。

水岸林种植了常绿乔木香樟和常绿灌木石楠、大叶黄杨,这些植物长势较好,能够起到一定的生态防护作用。选用的常绿树种在秋冬季节也能发挥较好的生态和景观功能,这种种植模式视线通透,视觉上既有延伸性又不会使水岸空间显得拥堵,为村民交往、游憩提供了良好的空间。体态优美、枝叶浓密的大乔木枫杨景观效果显著。种植的枣树、桃树等经济林果树种,也能提高村民的经济收入。但是,该水岸林乔木分布有些许不均匀，不成规模，可以考虑补植少量的合适树种，如枫香、垂柳、山乌桕等，来增加水岸林的连续性。

图 5-12　堤内带状水岸防护林（肥东县长临河镇胡光村）

四　乡村水岸堤内片状水岸防护林

安徽省巢湖市黄麓镇洪家疃村堤内片状水岸防护林如图 5-13 所示，大片的水岸林能够发挥净化空气、涵养水源、调节局部小气候的作用。固碳释氧是这片林木重要的功能之一，光合作用吸收二氧化碳并产生大量氧气，减少温室效应。林木可以滞留灰尘，有效抵挡风沙，同时不少林木能分泌植物杀菌素灭菌消毒，产生负氧离子，给乡村居民提供更加健康的生活环境。

该水岸防护林较好地利用了植物的体量和色彩。种植的香樟、朴树、黄杨，营造出优美的水岸景观；水杉、杨树等高大直立乔木，营造出了富有变化的林冠线；枫杨、山乌桕等树冠浓密、姿态多变的乔木，给水岸林带来层次变化。美中不足的是，这片水岸林使湖岸线整体显得有些拥堵，湖岸线植物种植疏密一致，没有做到开合有致的空间变化。

图 5-13　堤内片状水岸防护林(巢湖市黄麓镇洪家疃村)

第六章 乡村游憩林

乡村游憩林作为乡村人居林建设的重要组成部分，能够通过提升村容村貌营造更健康、更舒适、更美丽的乡村人居环境。优美的乡村游憩林有益于村民的身心健康，吸引他们进行更多的户外活动和交流。这样不仅延续了良好的村风民俗，而且为城市居民提供了适宜休闲的去处，能进一步加快城市和乡村之间物质、能量和信息的流动，促进城市和乡村和谐发展。因此，新时代建设生态良好、环境优美的乡村游憩林成为人民的美好愿望。

第一节 乡村游憩林的概念及特征

一 乡村游憩林的概念

乡村游憩林是指在村落内或村落周围对村民开放的，以休憩、文化娱乐和环境美化为主要目的的乡村人居林。它常以种植乔木为主，配置一些灌木花草，形成错落有致的乡村景观。

二 乡村游憩林的功能

作为乡村人居林的重要类型之一，乡村游憩林与乡村居民的生活、乡村环境的改善息息相关，尤其在生态休憩方面发挥着不可替代的作用，建设意义重大。其功能主要如下：

1. 满足乡村居民日常休憩的需求

随着乡村居民生活水平的日益改善，人们对休闲活动的需求日益迫切。乡村游憩林本着“人与自然和谐共处”的原则，追求近自然、人性化的环境，四季有景可观，且配备一定的游憩设施，可供居民日常闲坐休息、锻炼交流。此外，乡村居民在休憩需求的驱动下，往往会对乡村游憩林及其配套设施提出更高的要求，使其满足自身日常休憩的需求。

2. 改善乡村小气候

乡村游憩林本身就是一个小型的森林生态系统，具有森林特有的功能作用。作为乡村居民日常休憩的场所，游憩林可以阻挡部分太阳辐射、减缓风速、缓和气温的变化，同时利用光合作用输送氧气，使林内空气清新，形成独特的小气候，让人们“夏可避暑乘凉，冬可沐浴阳光”。乡村游憩林位于乡村居民步行可达范围，其形成的小气候对改善乡村气候环境也有着积极的作用。

3. 美化乡村景观

乡村游憩林因其主导的休憩功能，往往选择一些具有观赏性的乔灌木作为主体部分，这些乔灌木既是维系生态平衡的支柱，也是绿化、美化乡村环境的主力军。结合乡村绿化树种的多样性，将不同体量、不同色彩、不同观赏特点的乔、灌、草合理搭配，使之与其他景观要素有机组合，形成乡村丰富的立体景观，使得四季均有景可观。乡村游憩林是乡村景观的美好点缀。

4. 传承乡村文化

乡村游憩林大部分以具有观赏价值的乡土树种为主体。作为具有地方特色的游憩林，它不仅是当地社会经济发展的历史见证，还承载着深厚的区域生态文化底蕴和历史文化内涵。乡村游憩林为人们提供一个良好的休憩交流的场所，易成为一处居民集合点。因此，乡村游憩林一方面承载着深厚的文化底蕴，另一方面扮演着交流平台的角色，两者互为统一，使其在文化传承上发挥积极作用。

第二节　乡村游憩林的营建技术要点

乡村游憩林依据其不同的功能可分为休憩保健型、生态景观型和观光果园型。休憩保健型乡村游憩林多邻近乡村居民居住地，具备较高可达性和便捷性，保证乡村居民可以获得较好的游憩体验感。生态景观型乡村游憩林采用观赏价值高的外来景观树种与本地乡土树种相搭配，是有利于生态平衡的功能型乡村游憩林。观光果园型乡村游憩林充分利用传统果园并考虑居民的生活和乡村环境，提供多样化的游憩活动，如科普、采摘等。

一　休憩保健型乡村游憩林

休憩保健型乡村游憩林一般邻近乡村居民的居住地，可为乡村居民茶余饭后的娱乐活动提供清幽舒适的环境，丰富居民的日常生活，提高

图 6-1　休憩保健型乡村游憩林

人们的精神享受，是乡村居民日常闲坐休息、锻炼交流的主要场所，如图6-1所示。

1. 构建要点

此类型的游憩林属于乡村中的公共空间，在美化环境的同时也是居民休闲的好去处。营建时要更侧重休憩功能的构建。

(1)树种选择。在树种搭配上要求景观层次丰富，具有较高的观赏价值和观赏特色。该模式以乔木为主，优先选用冠径大、绿量大、寿命长的树种，形成游憩林的绿色基底。对于有老林子的乡村，应最大限度地保留原有林分，在降低造林成本的同时还能保留乡村林木悠久的历史底蕴。

(2)植物搭配。在观赏树种方面，选择对人体健康有益的、能净化空气的常绿树种，如侧柏、黑松、黄栌等；外形优美的彩叶树种，如红枫、鸡爪槭等。在树种配置方面宜选择能够提高林地空气的负氧离子、具有一定芳香气味且能分泌杀菌祛病物质的植物，如桂花、香樟、合欢等，与观赏树种进行合理的组合搭配，以利于人们的身心健康及生态环境的建设。乔木与灌木组团栽植，多层配置，可改善空间的单调感，提高生态质量。

(3)配套设施。休憩保健型乡村游憩林要注重相关基础设施的配套使用，如在乔木下设置座椅、廊架、凉亭等；为老人设置喝茶、下棋设施以及健身设施等；为儿童设置滑梯、秋千、跷跷板、沙坑等。游憩林内部要有一定面积的硬质铺装，铺装宜就地取材，材质、色彩与周边环境协调，透水性良好，注意使用防滑材料。配备基本的照明设施，方便夜间使用，但应尽量避免使用彩色灯光。根据游憩林的大小和人文内涵可以考虑设置适宜的园林小品，增添乡村游憩林的文化氛围。

2. 植物配置模式

休憩保健型乡村游憩林宜采用自然式小尺度斑块植被进行配置，其配置模式如图6-2所示。

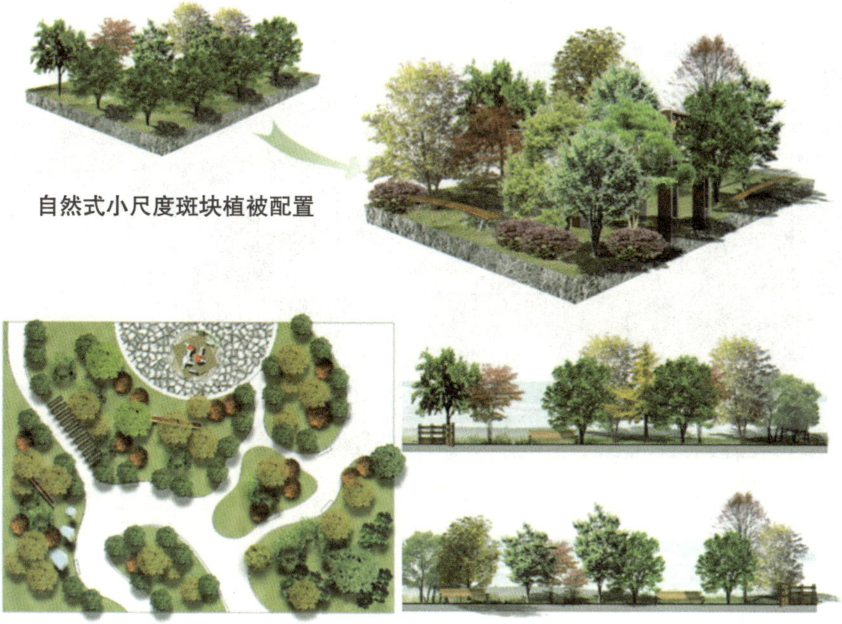

图 6-2 休憩保健型乡村游憩林配置模式

二 生态景观型乡村游憩林

目前，由于生态系统功能退化、居民环保意识不强、环保设施不足等原因，乡村环境存在一定程度的污染。同时，村镇土地利用结构的变化导致其景观破碎化，乡村景观趋于同质化。新时期的生态景观型游憩林除注重游憩林的基本作用之外，还担负着改善乡村环境、提高乡村生态质量的任务。这类乡村游憩林在生态脆弱的乡村地段尤为重要，应多选用防护性能较强的树种，兼顾修复生态、提升环境质量、美化乡村环境等需求，如图 6-3 所示。

1. 构建要点

在乡村中，各类乔灌木均有一定的景观价值，但其效果各有差异。对于由季相景观明显的树种组成的林分，其景观效果相对较好。生态景观型乡村游憩林应根据各自的地域条件，选择合适的树种。

图 6-3　生态景观型乡村游憩林

(1)树种选择。以乡土树种为绿化骨干树种,与本地多样性植被混交形成乡土风味景观游憩林。乡土树种作为当地自然生态系统中的一部分,对当地自然环境、气候条件适应性强,生长健壮,能发挥最大的生态环境效益。同时,适当选用优质外来树种,如悬铃木、刺槐、紫穗槐等,以增加游憩林的植物种类,丰富乡村生态系统的多样性,营造更加优美的乡村景观。除此以外,还应充分利用古树名木的文物价值。

(2)植物搭配。在植物的配置方面,应采用乔、灌、草结合的种植方式,做到四季有绿、三季有花的季相变化,从而构建区域特色强烈的生态景观,彰显乡村的生态美。可供选择的植物有雪松、龙柏、枫杨、女贞、国槐、柳树、银杏、白玉兰、水杉、紫薇、紫荆、蜡梅、樱花树、木槿、海桐、珊瑚树、大叶黄杨、月季等。从树种选择、科学配置、配套服务设施等角度出发,科学合理地建设生态景观型游憩林,实现其最佳的游憩价值,服务于乡村居民。

(3)林业技术辅助。对于生态非常脆弱的村庄地段而言,还需要相关林业科技的辅助,引入先进林业种植技术,对相关人员提供针对性的专业技术指导。在营建初期,应适当减少乡村居民的游憩活动,确保森林资源培育，待林分稳定后再全面开放。

2. 植物配置模式

生态景观型乡村游憩林宜采用块状或片状乔、灌、草复层搭配，配置模式如图 6-4 所示。

图 6-4 生态景观型乡村游憩林配置模式

三 观光果园型乡村游憩林营建

观光果园型乡村游憩林是在传统果园的基础上进行改造和升级后形成的一种乡村人居林。传统果园仅通过采摘来吸引人群的注意力，而观光果园型游憩林是通过景观规划和设计安排游览节点，为游人设置合理且丰富的游览路线，打造不同氛围、满足不同功能的空间场所，满足人们在果园中观光娱乐、休闲采摘、科普教育等功能需求。该模式以乡村常见的经济林果为主要树种，配置以其他观赏树种，多强调经济效益，兼具生态和社会效益，如图 6-5 所示。

图 6-5　观光果园型乡村游憩林

1. 构建要点

在观光果园型乡村游憩林的构建过程中，根据不同的功能类型，采取多种果树配置形式，营造不同的色彩搭配和植物景观，进而有效地发挥改造地形、改变气候、分割空间、柔化线条等作用。

(1)树种选择。此类游憩林以乡村果园作为基础，果树树种结合多样性、观赏性进行选择。果树不宜过高，防止游客攀爬。选择品种时，应该将不同季节成熟期的果树品种进行搭配，尽量做到四季有景可赏、有果可摘。在市场调查足够充分的基础上，选择销售前景好、经济效益高的品种，突出地方特色，建起品种多样，早、中、晚熟品种搭配合理的名、优、特、稀果品生产基地。可采用果蔬间植的栽培模式，利用垂直高度的不同选择合适品种搭配。

(2)植物搭配。游憩林内不仅可以依据不同林层搭配不同种类的观赏性果树乔灌木，丰富林分色彩，下层主要搭配一些草本及花卉，如波斯菊、石竹、景天等，还可以通过套种其他经济作物营造农业景观效果。为在观光果园型游憩林外围营造恢宏的气势，一般选用高大、冠浓的乔木，如朴树、樟树、青冈等。

(3)配套设施。完善果园内部的基础设施建设。观光果园型乡村游憩林要给人舒适的游览环境和良好的互动体验，果园内的沟渠、作业道、采摘道都要进行改造和建设，使得游人在果园内观赏、采摘、游玩时鞋子可以不沾泥土。座椅、凉亭等休憩设施要合理放置，同时在游憩林周边设置停车场和厕所。

2. 植物配置模式

观光果园型乡村游憩林宜采用农林复合经营及混交林经营方式，其配置模式如图 6–6 所示。

混交林经营模式(1)

农林复合经营模式(1)

混交林经营模式(2)

农林复合经营模式(2)

图 6–6 观光果园型乡村游憩林配置模式

第三节　乡村游憩林树种选择

基于乡村游憩林的功能作用，其树种选择应遵循乡土化、多样化、人本化、景观化、健康化等原则。不同类型的乡村游憩林要根据其不同的需求选择合适的树种。

一　休憩保健型乡村游憩林

休憩保健型乡村游憩林营建目的在于为居民营造一个舒适的日常休憩环境，这对游憩林的景观要求较高。植物景观营造首先应当考虑游人活动休憩的需求，根据植物的季相变化，充分利用丰富的植物资源，进行体量的协调和色彩的搭配，让人们在四季的变化中可以观花、观叶、观果，做到季季都有景可赏。

1. 黄连木

科属	漆树科黄连木属	
株高	高达 20 米	
特征	落叶乔木，树皮暗褐色，呈鳞片状剥落，奇数羽状复叶互生	
习性	喜光，喜温暖，对土壤要求不严，抗性较强	
用途	风景林、庭院树、四旁绿化等	
适用地区	皖南和大别山区需栽植在海拔 700 米以下的低山地区	

2. 银杏

科属	银杏科银杏属	
株高	高达40米	
特征	落叶乔木，树皮灰褐色，叶在长枝上辐射状散生，扇形	
习性	喜光，深根性，不耐盐碱土及过湿的土壤	
用途	风景林、道路林、四旁绿化等	
适用地区	安徽各地广泛栽植	

3. 朴树

科属	榆科朴属	
株高	高达20米	
特征	落叶乔木，树皮平滑，灰色，一年生枝被密毛。叶互生，叶片革质；花杂性，核果近球形	
习性	喜光，稍耐阴，耐寒。有一定耐干旱能力，亦耐水湿及瘠薄土壤，适应力较强	
用途	风景林、矿区绿化、四旁绿化等	
适用地区	安徽各地广泛栽植	

二 生态景观型乡村游憩林树种

生态景观型乡村游憩林树种的选择既要考虑景观效果也要考虑生态功能，因此应优先选择乡土树种。乡土树种的生长稳定性强，抗性强，管理养护也十分简单，无论生态保护还是造林育种都可以成为主力军。同时，乡土树种具有浓厚的地方特点，有利于构建区域特色景观。优先选择具有防护生态、涵养水源、保护水土功能的树种，做到景观效益与生态功能并重。

1. 枫香

科属	金缕梅科枫香树属	
株高	高达30米	
特征	落叶乔木，树皮灰褐色，方块状剥落，叶薄革质，边缘有锯齿，头状果序圆球形	
习性	喜光，喜温暖湿润气候，耐干旱瘠薄土壤，不耐水涝。深根性，抗风力强，萌生力极强	
用途	庭院树、防护林、矿区绿化等	
适用地区	在安徽省多种植于平地、村落附近及低山地区	

2. 雪松

科属	松科雪松属	
株高	高可达50米	
特征	常绿乔木，树皮深灰色，裂成不规则的鳞状块片，叶在长枝上辐射伸展，球花卵圆形	
习性	喜温润气候，喜光，稍耐阴，适生于排水良好的酸性土壤	
用途	庭院树、防护林、工厂绿化等	
适用地区	在安徽长江中下游一带生长良好	

三 观光果园型乡村游憩林

观光果园型乡村游憩林集观光、采摘、休闲为一体，其主体树种为果树，果树选择主要看果园的立地条件，如土壤酸碱度、土层厚薄、土壤肥力状况、有无水浇条件等，不能盲目种植，也可以根据原有果园进行改造。果园内种植其他林木可以改善土壤条件，提高防护效果。应优先选用对果树无虫害作用的阔叶树种，不宜选用泡桐、榆树、桑树、刺槐、松柏类等不利于果树生长的树种。

皂荚

科属	豆科皂荚属
株高	高可达 30 米
特征	落叶乔木，刺粗壮，圆柱形，羽状复叶，花黄白色，荚果带状
习性	喜光，稍耐阴，对土壤要求不严，深根性，具较强耐旱性
用途	风景林、道路林、防护林、水土保持林等
适用地区	安徽省长江流域平原、山谷及丘陵地区均可种植

第四节　乡村游憩林营建案例

一　休憩保健型乡村游憩林

栗树村位于安徽省合肥市肥西县紫蓬镇，其休憩保健型乡村游憩林位于村庄西北向中心位置，占地面积约 800 平方米，紧邻村庄居委会与村民住宅。该游憩林在香樟、无患子等原有林木的基础上，配置了桂花树、碧桃、紫叶李等树种以及廊架、座椅等休闲设施新建而成。它能够供村民日常纳凉，茶余饭后交流。为了便于居民开展日常体育锻炼活动，游憩林的东南侧建有转体训练器、腰背按摩器等体育器材，如图 6-7 所示。

该游憩林除原生树种外均为幼苗，栽植期较短，观赏树种分区域单独栽植，整体层次感较弱，色彩也较为单调，季相景观还可以更加丰富。廊架、座椅周边可栽植垂柳、国槐、枫杨等高大乔木供遮阴避暑。

图 6-7　休憩保健型乡村游憩林(合肥市栗树村)

二　生态景观型乡村游憩林

湖光村位于安徽省合肥市肥东县长临河镇，其生态景观型乡村游憩林临水而建，树种包括垂柳、梧桐、香樟、广玉兰、紫薇等，并配置了凉亭和木栈道。柳树喜湿，梧桐生长较快，两者间隔种植可以保持水土；广玉兰和紫薇营造出较好的景观效果。该游憩林不仅满足了乡村居民的日常游憩活动，还起到了分隔河流农田、保持水土的作用，如图 6-8 所示。

图 6-8　生态景观型乡村游憩林(合肥市湖光村)

湖光村的生态景观型游憩林季节性特征不够明显，观赏树种较少，可以适当增加景观树种。植被配置要疏密得当，富有层次。可以采用生态型驳岸，根据水的深浅选择适当的水生植物进行栽植。这样当地村民不但能够在林中交流娱乐，增进邻里之间的情谊，还能享受到生态景观游憩林带来的生态服务功能，凸显其生态与社会价值。

三 观光果园型乡村游憩林

茶山村位于安徽省合肥市肥东县长临河镇。茶山村以精品水果种植、休闲观光农业等为主要产业。该村的观光果园型乡村游憩林由果树及当地周边用材林组成，果树主要品种有樱桃、蓝莓和枇杷，周边有香樟、松树等成片栽植，还有枸骨、刺槐等树种。游憩林内树冠浓密，地形富有变化，景观效益比较高，如图 6–9 所示。

图 6–9　观光果园型乡村游憩林（合肥市茶山村）

茶山村观光果园型游憩林的基础设施尚未完善，主干道路目前仅用紫薇与石楠间隔种植作为区分。该游憩林不仅要满足观光和采摘功能，还要满足游憩功能，如增加座椅、亭廊等休憩设施，以便于游人休息。同时，周边树种选择应以落叶树种为主，避免选择易造成果树病虫害的树种。果园也可以套种其他作物，提高经济效益，让果林经济与观光休闲相结合才能发挥其最大的优势。

第七章 乡村人居林栽培与管护

第一节 树木栽植技术

在树木栽植的过程中，栽植技术与方法直接影响树木的成活率和景观效果,依据树种的生长习性、生长发育状态、适宜的栽植时间等选择不同的栽植技术对于提高树木栽植成活率有重要作用。

一 栽植前准备

1. 树木栽植原则

人居林树木栽植要根据树木不同的生长特性、生长发育的规律和栽植地区的气候来确定,具体树木栽植应遵循以下几条原则:

(1)适树适栽。适树适栽指依据树种的生长特性和生长环境采用不同的栽植方法。首先,要了解栽植树种的生态习性和对种植环境的适应能力。如在人居林营建中,可优先选择性状优良的乡土树种进行栽植。其次,水土、温度和光照作为树木的生长因素,其条件的好坏对树木有很大的影响,决定了所植树的成活率,因此,要选择适合树木生长的气候条件进行栽植。

(2)适时适栽。树的栽植时期,原则上应根据树木的生长习性和栽植地区的特定气候条件来决定。有些树种对季节敏感，有些则不敏感,因此,在栽植时应充分考虑季节因素。常绿树在春季新芽未萌动前或雨季新枝停止生长后，或是秋冬时节进行栽植；落叶树种可于春季结冰融化后至春梢生长前或晚秋后进行栽植，有利于提升树木的成活质量以及成活率，也有利于降低后续的养护成本。

（3）适法适栽。适法适栽是指依据树体生长发育情况、栽植地环境和气候条件等，选择不同的栽植方式，可以进行裸根栽植或带土球栽植。裸根栽植多用于常绿树小苗及大多数落叶树种。带土球起挖时注意骨干根不可太长，尽量多保留侧根、须根，保证根系的完整性，到栽植期间务必保持根部湿润，防止根系失水干枯，影响树木成活。

2. 栽植前准备

（1）了解工程概况，明确设计意图。施工单位应提前与工程主管部门和设计单位沟通，主要了解工程量、进度安排、施工期限、工程投资额、施工现场等情况。施工单位须深入理解工程设计的意图，明确设计要求，了解树木的种类选择、树的规格以及树木的定植位置。为提高栽植效率，施工单位栽植前一定要做好技术交底工作。

（2）勘察现场，制定施工方案。工程施工前，项目负责人及主要人员须到现场进行踏勘，了解场地施工条件。如原有房屋、树木、市政或农田等设施的去留，需要拆迁的应提前办理有关手续；解决场地内的电、水以及场地内外的交通；施工期间生活设施（如食堂、厕所、宿舍等）的安排；了解种植施工图中树木的生长特性，检测场地内的土壤条件能否达到栽植标准。

（3）施工现场的准备。施工现场的主要准备工作是清理场地内有碍施工的障碍物，如果采用机械清理和整形，需注意场地内是否埋有地下管线与雨污井，以免因处理不当而造成事故，并准备必要的栽植工具和辅助材料，如整理挖树穴用的锹、镐，修剪根冠用的剪、锯，短途转运用的绳、棒，树穴换土用的车、筐、篮，支撑树体的树桩，浇水用的水车、水管，吊装树木用的设备与车辆，包裹树体以防蒸腾或防寒的稻草、绳子等，以及栽植用土、树穴底肥等，以便于迅速有效地完成栽植计划。

(4)树木调集准备。树木的调集准备,是通过实地考察了解所调集树木的生长状况、挖掘及装卸运输的实施条件,制定合理有效的栽植方案,这对于保证所栽植树的成活率和景观功能具有重要意义。考虑到运输成本和水土环境相似性的问题,往往以就近采购为原则。对于从外地引进的树木,应了解其生长习性及栽培特点,并要求供货方在树木上挂树种名牌。同时,需要加强植物检疫和消毒,制定严格的种苗检疫制度,严禁带有病虫害的树木种苗运输流通。

二 栽植步骤与方法

树木栽植的好坏直接影响树木的栽植成活率及设计景观效果的表达,栽植前施工单位应提前确定好树木来源、种类、规格和数量,结合当地的地形条件和气候特点选择适合栽植的树木,严格按照施工工序以及树木栽植技术规范施工,主要工序包括定点放线—地形整理—树穴开挖—树木起挖—装卸运输—工程栽植—修剪整形—栽后管理。

1.定点放线

按照施工图纸的要求,确定基线和基点位置,并在施工场地标记出来。定点放线主要的方法有自然式定点放线和规则式定点放线,一般先标记出规则式种植点线,再标记出自然式种植点线。如在人居道路林营建时,一般要求以路牙或道路的中轴线为基线,两侧对称整齐,并注意树体和邻近建(构)筑物、地下工程管路和人行道边缘等适宜的水平距离,如表 7-1 所示。

2.地形整理

地形整理之前须检查土壤是否符合栽植土的指标,不符合的须采取土壤改良、施肥和置换客土等措施。

(1)土壤整理。土壤整理可分为全面整理和局部整理。种植灌木,尤其是使用灌木栽植成一定形状的地面,或播种、铺设草坪的区域,应实施全面整理。全面整理要清理土壤中的建筑垃圾、石块等,栽植土的表层必须整洁。花坛、花境栽植地30厘米深的表土层必须进行深翻。局部整地则是针对零星的小块绿地和坡度较大且易发生水土流失的山坡。栽植在土地表层与道路（挡土墙或侧石）接壤处时，土壤应低于侧石3~5厘米，栽植土和边口线相平直，栽植土表层整地后表现为平整略有坡度，无设计要求时，其坡度宜控制在0.3%~0.5%。

表7-1 树体与建(构)筑物间的最小水平距离

单位:米

建(构)筑物类型	至乔木主干	至灌木根基
建筑外墙(有窗)	3.0	0.5
建筑外墙(无窗)	2.0	0.5
电力杆、桩、塔	2.0	0.5
邮筒、路灯牌、灯箱	1.2	1.2
车行道边缘	1.5	0.5
排水明沟边缘	1.0	0.5
人行道边缘	1.0	0.5
地下涵洞	3.0	1.5
地下气管	2.0	1.5
地下水管	1.5	1.5
地下电缆	1.5	1.5

（2）地形整理。地形整理是指从土地的平面上，根据设计图的要求，对栽植所需的地形进行整理的过程。地形整理采用机械和人工结合的方法，按照规范清除场内的建筑垃圾、杂草、树根和其他杂物，并做好土方的调度安排，先挖后填，节省投资。土方挖填过程中需要注意各种管线和建（构）筑物及其周边环境，处理场地中的软泥和不透水层，在填埋范围内避免出现积水和坑洼。地形整理在满足景观及竖向排水要求的同时，还要为后续景观效果的营造打好坚实基础。根据定点放线的记录进行施工，使用符合设计标准和检测合格的造型胎土、栽植土，做到自然顺畅。

3.树穴开挖

树穴开挖的形状多以圆形、方形为主，其大小与深浅一般由树木规格、土球大小及地下水位决定。以定点为中心，根据土球大小沿四周挖坑，原则上种植穴大小比土球大 15～20 厘米，过深时回填一部分土，存在积水的必须挖排水沟，穴壁应始终与地面保持垂直，避免出现上宽下窄的情况，否则会阻碍根系扩展。实践证明，坑穴稍大更有利于根系的生长和发育，如图 7-1 所示。但在严重缺少水分的干涸地带和透水性差的黏重土壤区，宜小坑栽植，最终具体操作以实际情况为准。挖穴最好预先进行，如树木计划春梢萌芽前栽植，若提前至秋冬挖穴则能促进栽植土的风化和基肥的分解，可有效提高树木的成活率。挖穴时，将表土和心土分别堆放在两边，将妨碍根系发展的垃圾、渣土、石灰石等清理干净，若情况严重还需提前进行土壤改良。为了树木更好的生长，可在挖穴后，向穴内施上 10 千克左右的基肥，并覆盖约 20 厘米的泥土，将基肥与新栽植树木的根系隔离开来，防止出现因肥料发酵而烧根的现象。

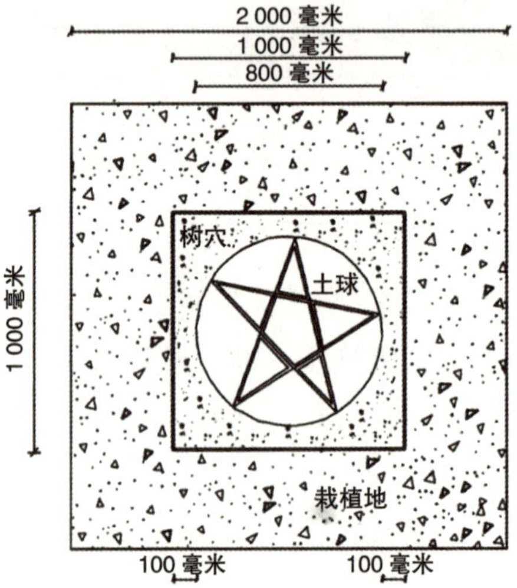

图 7-1 树穴平面示意图

4.树木起挖

树木起挖的方法主要有裸根起挖法和带土球起挖法。

(1)裸根起挖法。裸根起挖法便于操作，节省人力、运输成本和包装材料，适用于大多数的阔叶树，如桑树、榆树、杨树等，主要在其休眠期进行起挖。但由于裸根起挖法根部是直接暴露在空气中的，容易使根部失水干燥和损伤弱小的须根，因此裸根起挖法应符合一定的规范和质量要求。

挖掘时的关键在于保证树木良好的根系。树木的良好有效根系是指地表附近形成的根系整体，包括主根、侧根和须根。一般情况下，在栽植的苗木挖掘过程中可以携带的有效根系，水平分布的宽度是主干直径的6～8倍；垂直分布的深度是主干直径的4～6倍，一般多在60～80厘米，浅根系树种是30～40厘米。如果在挖掘前遇到天气干燥的情况，需在7天前进行灌水，以防脱水，使挖掘地充分湿润，土质更软，便于根系完整，提高成活率。野生和实生树的有效根系分布范围离树木的主干较远，因此一般在挖掘前1～2年挖沟盘根，培育树木可挖掘的有效根系，利于其发育与成活。对于尺寸与规格较大的树木，在挖到粗树干根部时应用手锯锯断，操作要迅速麻利，切口保持平整，防止树根发生劈裂的情况，禁止用铁锹硬铲。树木挖掘后要及时装运，适时栽种，时刻保持根部湿润，避免因风吹日晒而干枯；运输距离较远时，根系采取打浆保护措施。

（2）带土球起挖法。带土球起挖时，需标记出要挖出的树根范围，与土一起削成球状，并用蒲袋、绳子或其他软材料包装固定，这种起挖方式可以减少根系水分流失，利于树木生长发育。但是，由于操作上相比裸根起挖较烦琐，费时费力，土球笨重也导致运输成本增加，一般裸根栽植能成活的树种，便不采用带土球起挖法。但部分树种（名贵树种、一部分常绿树、生长季节的落叶树等）必须使用带土球起挖法，为了提高土球起挖的质量，对土球规格和包扎方法需要进一步研究，如图7-2所示。

土球规格。树木起挖的根系范围和土球规格一般是根据树的干径和高度来决定的，如表7-2所示。一般来说，常绿树、珍贵的树种和花木的土球直径是树干胸径的6～8倍；分枝点高的常绿树土球直径是树干胸径的7～10倍；落叶树的土球直径通常是树干胸径的9～12倍；灌木（玫

图 7-2 小土球的包扎方式

瑰、木槿、碧桃、珍珠梅等)的土球直径是冠状的 1/3 ~ 1/2。土球的纵向直径通常是横径的 2/3。

表 7-2 各类树木根系和土球起挖规格

树木类别	树木规格	起挖规格	
乔木(包括落叶和常绿高分枝单干乔木)	胸径(厘米)	根系或土球直径(厘米)	
	5 ~ 8	50 ~ 70	
	8 ~ 12	80 ~ 100	
	12 ~ 15	100 ~ 120	
落叶灌木(包括丛生和单干低分枝灌木)	高度(米)	根系直径(厘米)	
	1.2 ~ 1.5	40 ~ 50	
	1.5 ~ 1.8	50 ~ 60	
	1.8 ~ 2.0	60 ~ 70	
	2.0 ~ 2.5	70 ~ 80	
常绿分枝乔灌木	高度(米)	土球直(厘米)	土球高(厘米)
	1.0 ~ 1.2	30	20
	1.2 ~ 1.5	40	30
	1.5 ~ 2.0	50	40
	2.0 ~ 2.5	60	50
	2.5 ~ 3.0	70	60
	3.0 ~ 3.5	80	70

土球包扎。土球包扎方法根据土球的大小、所用材质、运输距离的远近来确定。近距离运输且直径规格小于 30 厘米的土球,可采用不包扎或

简易包扎法，如图 7-3 所示。如将一束稻草(或草片)平铺在地面上，把土球放在正中，再将稻草从底部翻起至顶部，然后在树干基部扎牢。也可在土球纵向和横向分别用草绳扎几道后，再将草绳固定。简易包扎法也有用编织布和塑料薄膜为包扎材料，但栽植时需将其解除，以免阻碍根系吸收养分，影响发育。土球的直径在 30 厘米以上时需要使用较复杂的包扎方法，主要包括橘子(网格)包、“井”字(古钱)包或五星包三种包扎法。

橘子(网格)包扎法：首先，把绳子的一端系在腰箍或树干上，按顺序从土球面拖到土球的底部，直到土球全部被紧密捆扎为止，如图 7-4 所示。对于古树名木或尺寸大的树木，为了安全起见可以进行两层，甚至三层包扎，里层可选硬度大的麻绳，防止吊起过程中绳子松断。

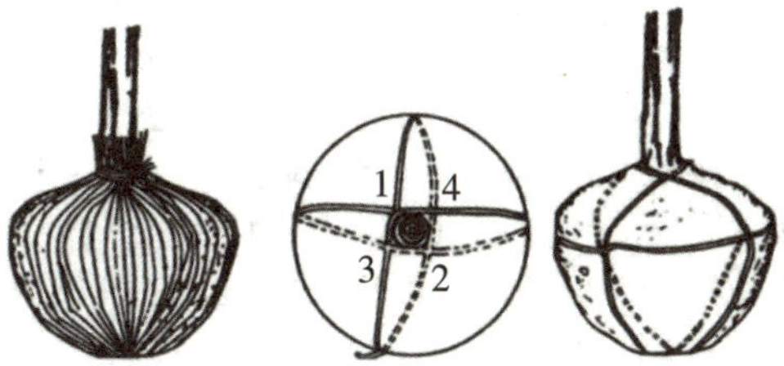

图 7-3　土球简易包扎法

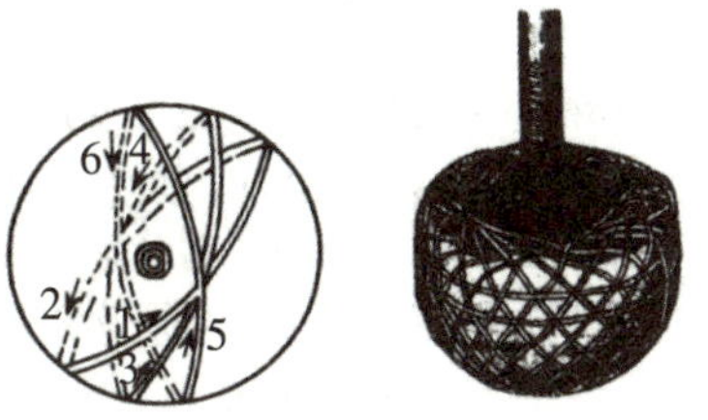

图 7-4　橘子(网格)包扎法

“井”字(古钱)包扎法：首先将绳子的一端系在腰箍或基干上，按照图 7-5(a)所示的步骤，由 1 拉到 2，绕过土球底部后再拉到 3 和 4，然后继续绕过土球底部拉到 5，依此顺序，一直包扎下去，直至固定住土球，最后完成图 7-5(b)所示的扎形。

五星包扎法：首先把绳子的一端系在腰箍或树干上，然后按照图 7-6(a)所示顺序绕线包扎，由 1 拉到 2，线绕过土球底部到 3，再向上拉到4，然后再次从底部绕过，拉到 5 和 6，缠绕包扎和拉紧，最后完成图 7-6(b)所示的形状。

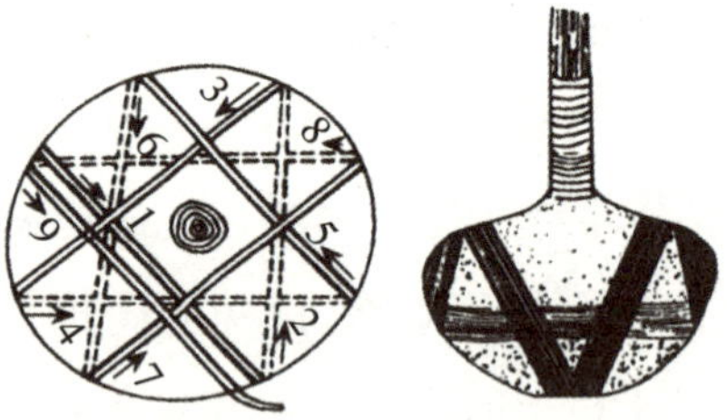

(a)　(b)

图 7-5　“井”字(古钱)包扎法

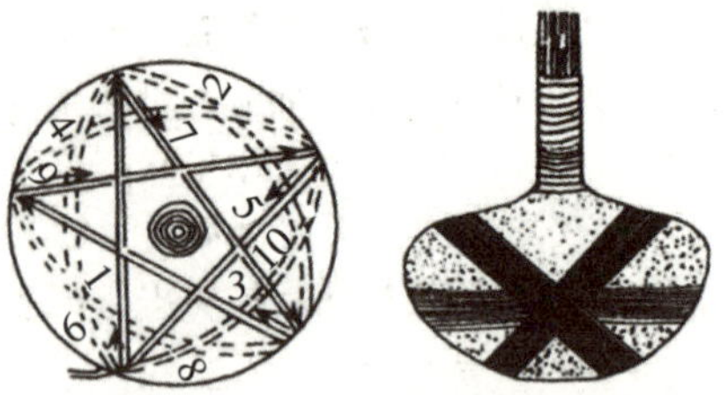

(a)　(b)

图 7-6　五星包扎法

5.装卸运输

树木的装卸运输是影响植物成活率的重要环节，最主要的就是要“随掘、随运、随栽”,尽可能地避免在空气中暴露过长时间,缩短树木栽植时间。

(1)树木装车。树木装车前首先要仔细核对树木的品种、规格及质量等,拒绝不合格的树木上车。裸根树木装运前在车厢内铺满草袋、蒲包片等软材料,并统一用草绳将根系围拢起来,树根朝前,树梢朝后,堆至适宜高度即可。车装好后,用塑料布或稻草等软包装把树根包扎好,避免在运输过程中因挤压碰撞而导致树木受损;装运带土球的树木时,高度小于 1.5 米的树木可以选择立体装车,大于 1.5 米的树木要求土球在前、树梢靠后放倒于车厢内,并用木架将树冠架稳。土球直径大于 60 厘米的苗木只装一层,小于或等于 60 厘米的可以叠放 2～3 层,土球之间必须堆放紧密以防摇摆,并且车上不准站人和放置重物。

(2)树木运输。在树木运输之前,先洒水润湿树根,休息时选择阴凉处停车,再确认是否漏风,防止风吹日晒导致树木缺水死亡。运输时可采用的方法有集装箱运输和卷包运输。

集装箱运输:适合大规格裸根树木的远距离运输,在集装箱内将树木进行分层叠放。为了提高集装箱保持湿度的能力,可以在箱子底部铺上塑料膜或湿润的锯末。

卷包运输:适合尺寸小、长距离运输的裸根树木,以蒲包片、稻草等作为包装材料,以湿润的锯末填满根部的间隙。运输零散的树木,包装时必须捆扎严实。使用这个方法的时候必须注意,包内的树木数量不能太多且叠放不能太实,以免运输途中包内温度过高。卷包整理完备后,需备注树种、数量以及寄件和收货地址等信息于标签上。

(3)树木卸车。树木卸车过程中要注意轻提轻放,对于裸根树木卸车要严格按照顺序,带土球的树木不得用力拉提树干,应双手抱着土球慢慢放在地面。土球较大的树木可利用起重机进行卸车,若不具备以上条件,要事先准备好长板作为辅助,斜放于车厢与地面之间,把土球从板上慢慢地滑下来,整个过程要时刻避免土球散落。

6.工程栽植

栽植是绿化工程的最重要的组成部分,包括定植和假植两种方式。施工前必须提前了解设计意图,树木的品种、规格和质量,便于定位栽植穴,以免发生错乱,必要时对质量较差的树冠和树根提前进行修剪。

(1)冠根修剪。冠根修剪是为了培育树木的形状,减少植物水分的发散,提高成活率。修剪主要包括两个部分,分别是树冠修剪和根部修剪。

树冠修剪:部分规格较大的树木,特别是杨、柳、槐等生长势头强、容易萌发的树种,大多采取截枝、切下半叶等办法,剪到位于树冠 1/2 以上的位置,以减轻树根的负担,维持树体内的水分平衡,保持树木的生长势,提高树木定植之后的稳定性和景观性。在绿化工程中,具体的树冠修剪应根据树木品种、规格、用途来决定,对于较为高大且有着明显树干的落叶树,必须适当地疏落枝条,在侧枝上可将生长结实的树芽截去枝条的 1/5~1/3;没有明显枝干但枝条茂密的落叶树,若干径在 10 厘米以上,可保持原树形,仅进行简单的疏枝;若干径为 5~10 厘米,则对树干的侧枝进行短截。枝繁叶茂的常绿树,适当摘除原树冠的 1/3 枝,同时摘除一部分叶子,但不得伤害幼芽。行道树的树干高度大于 3 米时,第一分枝点以下的枝条全部剪断,分枝点以上的枝条适当切口或剪断,保持树冠的原形。分枝明显、新枝上生出花芽的小灌木,应根据树木的长势适当地进行强修剪以产生新的枝条。对于长势良好的大灌木，可以适当的疏枝。嫁接繁殖的灌木，应立即摘除砧木上发芽的枝条。

根部修剪：大多数的裸根树木在栽植之前都必须进行适当的修剪，主要剪去断根、劈裂根、病虫根、偏根、腐根等部分。

(2)树木定植。定植的树木要求根系完整、树体健壮、叶色饱满、无病虫害，完成之后的很长时间内将不再进行移植活动。长途运输的裸根树木，若途中失水较多，应将根系解包浸泡一昼夜，待根系充分吸水后再行栽植。

树穴处理：落穴定植前先检查树穴大小及深度，过深时回填一部分土，存在积水的必须挖排水沟。首先将一半肥料与表土混合在一起，放进穴内堆成丘状，放入树木后再将剩下一半的肥料填入坑穴中，每填入20～30厘米土之后便夯实一次，并稍微抬起树体，使树根与土密切接触。裸根树木放入坑内时务必使根系均匀分布在坑底的土丘上，使树木根径高出地面5～10厘米，名贵树木及根系不完整的树木可采取在根系喷布生根激素、放置珍珠岩透气等措施。带土球的树木要提前踏实穴内土层，后进行落穴和分层填土踏实，填埋心土至稍高于地面。这一过程中注意不可栽植过深，否则会影响树木的成活率和之后的发育成长，如图7-7所示。

栽植深度：树木入穴深度以心土下沉后，树木原来的土痕与土面相平或稍低于土面为宜。栽植过浅，树木容易营养不良，出现倒伏；栽植过深，根系呼吸困难，不利于生长发育。

栽植密度：如果按列式栽植，每10～20株需要配置一颗“标杆树”并提前栽植好，如树木弯曲，则将弯曲方向朝向行内，并与“标杆树”对齐，左右相

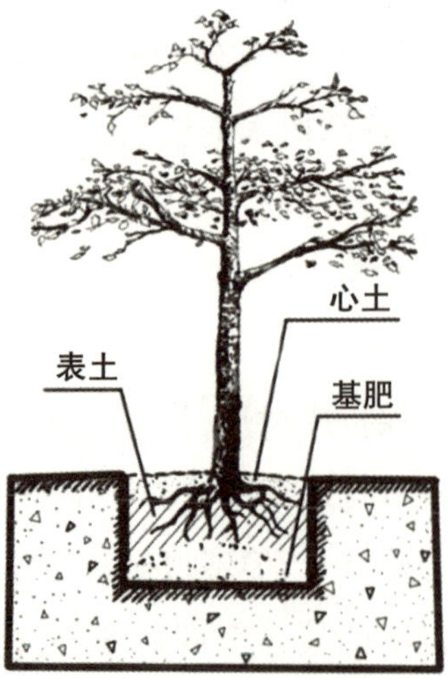

图7-7 树木定植示意图

差不超过树干的一半，做到整齐美观。

栽植方向：栽植时除特殊要求外，树木应垂直于东西、南北两条轴线。主干高的大树栽植方向要沿着树木原生的生长方向，防止树皮在冬天被冻住或在夏天被晒伤。行道树进行规则式栽植时，若树木的方向、高度、冠径不一致，要预先排列栽植顺序，将树冠丰富的一面朝着入口或人行道等主要观赏方向，形成一定的节奏与韵律，提高景观效果。若遇到树主干弯曲的情况，要将曲面与行道树列方向一致以作隐藏与遮挡。

(3)树木假植。假植是对刚掘取的树木进行的一种临时性保护措施，通常的做法是在湿润后的土壤里埋植树木根系，以减少树木根部暴露的时间，解决树木的失水问题，提高树木存活率。假植主要有临时假植和越冬假植两种类型。

临时假植：假植时间不超过一个月的树木，一般使用临时假植的方法。选择背阴、排水好的地方，制作30～50厘米的假植沟，沟的长度由栽植的树木决定。将树木成捆地排列在沟内，树梢向南倾斜30°～45°，并用湿土覆盖根部。假植期间须及时给树木补水，发现积水须及时清除。

越冬假植：越冬假植适合秋天栽植的树木，在土壤结冰之前要选择排水良好的背阴处，就地挖一条沟渠，要求沟渠的方向与主风向保持垂直，沟渠尺寸大小根据树木的规格决定，树木规格越大，沟渠越深，一年生树种假植一般纵深30～50厘米。另外，在迎风的一侧需将沟壁进行45°倾斜，并采用一列树木旁放置一层土的方法，将树木按照一定顺序排列在倾斜的沟壁上，将树木根部埋于深沟中并用湿润的土壤覆盖，以免枯萎。

7.修剪整形

园林树木常强调“三分种、七分管”，其中整形修剪是一项极其重要的管理和保护措施。修剪是指对树的一些器官，如树枝、叶、花、果、根等，进行疏剪和截切，以求达到树木生长、发育、开花、结果的目的。整形指的是对植物实施一定的修剪措施及束缚、包扎等手段，使树木形成某种树体结构。整形必须在修剪的基础上进行，修剪必须按照园林绿化的功能需求、树木生长发育规律、环境条件来进行。修剪后的树木不仅提高了美学价值,增强了树木配置效果,而且使得树体的水分、养分更加平衡,树体结构更加完善。修剪还可以提高树木自身的抵抗性,防止病虫害的发生,使树木的开花结果时间更加合理有序。因此,修剪整形是树木养护过程中的重要工作。

(1)树木修剪。树木修剪需掌握正确的修剪方法,大致可概括为截、疏、放、伤、变五种。

截:又称“短截”,即将树木中一年生枝条剪去一截。树枝剪短后,树枝的养分相对集中,刺激切口下侧发芽,促进树木生长。短截根据截取程度又分为轻短截、中短截、重短截和极重短截。轻短截指的是剪短树枝的1/5~1/4,部分树木也可减去枝条的顶端,主要用于花果类树木形成大量中短枝,增加树木开花结果;中短截一般剪去枝条的1/3~1/2,即保留树枝的中部或中上部,主要用于恢复病树的养分,刺激树枝、树干,使其健康生长,增强枝势;重短截一般剪去枝条的2/3以上,即保留枝条的下部饱满芽,主要用于衰老树种,将大部分枝条截去,留芽少,刺激作用大,可充分促使枝条隐芽萌发;极重短截仅在枝条基部留下2~3个芽,主要用于处理竞争枝,削弱徒长枝、旺枝及直立枝的生长,促进花芽的生长。

疏:即疏枝,从枝条基部剪去,主要针对枯枝、竞争枝、衰老枝、徒长枝、旺枝、病虫枝及并生枝等。树枝长得慢、芽不旺的树种,必须减少疏枝频率,如马尾松、雪松等枝条轮生的植物。幼树在生长不稳定的情况下应轻疏;成枝力强的树种应当重疏,如悬铃木。

放:是一种不处理树枝的修剪方法,针对枝条的生长发育情况,保留树木原生姿态,达到不修剪也能自然生长的目的。

伤:是指用环割、刻伤、扭梢等方法损伤枝条的韧皮部和木质部,主要是为了调整枝条养分分布不均匀、枝条扭曲、偏冠等情况,从而缓和树势,促进树木生长。

变:主要用来调整树枝生长位并改变其生长方向和角度。一般情况下，笔直生长的树木的背上枝呈向下延伸趋势，逐渐成拱形，这时树木本身的顶端优势就会渐渐削弱，树枝的生长也会变得缓慢。树枝若垂在地上，自身的顶端优势就会较微弱，树枝长势不良，为了活跃树枝的生长势头，需要把树枝向上举起。主要采用弯曲树枝、拉长树枝、抬高树枝等方法，具体的操作方法和使用材料等可以根据地方的不同适当进行改变和调整。

(2)树木整形。树木整形一般是为了满足树木正常生长和环境绿化的需要，常与修剪相结合，依据树木各种各样的功能，整形的形式也相应有所变化，主要分为以下三类：

自然型整形：自然型整形是最普遍、实用的方法，用于纠正树冠形状，促进树体横长，整形过程中以尊重树木自身生长形态和保护自然树形为原则。此举有利于树木良好生长，最大限度发挥该树种的树形特征，提高其鉴赏价值和景观功能。

人工型整形：在经济社会发展的大背景下，自然整形已经不能满足现代乡村建设的所有需要。为了满足人们对精神层面的需求，要求能设计出更具地方性特色的园林景观，将树木排列成各种规则的几何形状或不规则的形状，如动物、建筑及雕塑等，但树木的树形也要与周边环境协调一致，注意保持美感。

混合型整形：即将自然型整形与人工型整形统筹结合而形成的一种新方法，仍是以自然树形为基础，之后加入一定比例的人工改造而组成的新形式，多用于观花观果类及藤木类树木。

8.栽后管理

栽后管理即栽植后、成活前立即采取的管理措施，是栽植过程中必不可少的一部分，是树木成活的有力保障，主要包括支撑、裹干、防冻、遮阴等，随时注意树木的保温、保湿。

(1)设立支撑。栽后需设立支柱、拉绳，防摇动或倒伏，对于提高树木成活率较为重要。胸径为 5 厘米以上的树木，采取支柱、拉绳等防摇动固定措施。在风大的地区，支撑架不能与土球或枝干根部进行接触，防止树冠发生动摇而影响根系的生长。这种情况下，常用木棍、竹竿、钢柱作支撑，长度要求达到树木高度的1/3～1/2，一般用长1.5～2.0米、直径5～6厘米的支柱，可提前埋入，也可在树木栽植后埋入地下20～30厘米处，注意避免打在根系上和损坏土球。支撑方式主要有单支桩、双支桩、三角桩、“井”字桩和联合桩(如图7–8所示)。单支桩又分立支和斜支，斜支占地面积大，多用在人流量少的地方；双支桩支撑力较小，多用于小乔木；三角桩和“井”字桩有一定的装饰效果，而且固定效果也是最好的，多用于人流量较大的公共绿地空间；联合桩支撑主要用在密林栽种或散生竹类栽种，具有省时、省材等优点。在设立支撑时，必须将支柱与树干捆紧，且用草绳隔开或用草绳先包裹树干后再捆，防止日后因树

(a)单支桩(钢柱)　(b)单支桩(钢丝绳)　(c)双支桩(木棍)

(d)三角桩(钢柱)　(e)“井”字桩(木棍)　(f)联合桩(竹竿)

图7–8　支撑方式及使用的材料

干摇动擦伤树皮。

(2)树体裹干。树体裹干可以避免强光和强风干扰,减少树干水分蒸发,调节树干的湿度,常用于树干皮孔较大、蒸腾量显著以及多种常绿阔叶树木。一般使用草绳、蒲包、麻布、植物细带、苔藓等保温、保湿材料包裹缠绕树干达 2 米的高度,包裹住主干较粗的一、二级分枝。其中,草绳作为应用最广泛的裹干材料,其保护效果最好且成本低。草绳裹干常用的方法为单股草绳裹干,在需要裹干的树干上固定住草绳的一端,操作人员围绕树干游走,直至树干包裹完成。若使用塑料膜需额外注意其透气性能差的特点,因此在树木休眠阶段使用最好,并在树木发芽前及时清除。

(3)树木防冻。在秋冬时节若树木根部受冻会影响其吸水功能,树木易失水干枯。在地面结冻前,预先采取根部封土措施,小灌木、绿篱封土 3~5 厘米,大灌木、乔木封土 20 厘米左右,易受冻的树木可采用在全株的根颈部封土 30厘米,如月季、葡萄。若在大风寒冷地区,树体容易晃动导致栽植地基出现裂缝需及时填平,也可在根颈部包裹塑料薄膜。

(4)搭架遮阳棚。搭架遮阳棚可以降低树冠温度,起到减少植物蒸腾的作用,尤其对体量较大的乔、灌木树种,在栽植初期或高温干燥季节要全冠遮阳,但以遮阳度约 70%为宜,让树体接受一定的散射光,保证树体日常所需的光照。遮阳棚上方及四周与树冠保持 30~50 厘米间距,以保证棚内空气的流动性。对成片栽植的低矮灌木可打地桩拉网遮阳,网高距树木顶部约 20 厘米。树木成活后,视生长情况和季节变化,逐步去除遮阳物。

三 大树栽植技术

大树一般指胸径在 20 厘米以上、树高在 6 米以上或树龄在 20 年以上的壮龄树木或成年树木。在栽植前必须对树木的生物学及生态学特征进行仔细调查,包括树木的种类、树龄、树形及生长立地条件等,筛选好的树木登记时应分类编号，并用油漆对树干生长朝向做出明显的标记，以便栽植时确定方位。

1.大树栽植的特点

(1)栽植难度大、成活率低。大树生长发育过程中根系的水平分布范围远超出树冠投影范围，垂直分布范围也比一般树木更深，树木挖掘后土球更大，可吸收根较少，导致细胞再生能力下降，萌生新根难度大，栽植后树木生长缓慢。此外，由于大树树形高大，枝叶蒸腾速度快，运输过程中根系的水分吸收与树冠的水分消耗难以达到平衡，极易造成树木失水枯亡，这也是影响大树栽植成活的重要因素。

(2)移栽周期长、限制因子多。大树栽植过程中存在许多局限，需要充分考虑，如树种的生长习性、栽植地的生态环境、适宜的栽植方法和管护条件等。从断根挖掘到起苗、运输、栽植，以及后期的养护管理，栽植周期少则几个月，多则几年，每一个步骤都至关重要，不容忽视，且在人力、物力、财力上耗费巨大，大大提高了绿化成本。

(3)景观效果快速、显著。尽管大树栽植有诸多困难，但经过科学规划、合理运用、适度配置，则可较快发挥树木的生态、文化、景观价值，所以在乡村人居林的建设中大树栽植比例将呈现出不断上升的趋势。

2.大树栽植的范例

(1)香樟。香樟树冠广卵形，枝叶繁茂，冠大荫浓，且病虫害较少，是我国长江以南地区的主要常绿树种之一，也是目前应用大树移植最多的树种。据多年的实践，香樟大树移植的最佳时间为新叶萌芽期，即清明前后10天左右。主要采用的栽植技术是转坨缩根、全冠栽植、截枝栽植。

转坨缩根，即在原地缩小树冠的同时进行切根操作。切根范围一般为树木胸径的5倍，用0.1%萘乙酸和羊毛脂混合物涂抹在断根伤口，以促进新根生长，防止腐烂，提升成活率。全冠栽植在保持原有冠形的基础上，修剪弱枝、衰老枝、病虫枝等，保留50%的枝叶，降低叶面水分的蒸腾量，必要时采取叶面喷雾、全株搭建荫棚等措施，减弱光照度；截枝栽植即将主干上的大部分枝条截去，选留一级分枝，截口呈斜形并涂抹油漆。大约截枝 1 个月左右，截口下便会萌发出许多芽条。新枝萌发后，适时进行整形修剪，去除弱枝，保留粗壮枝，培育新枝。新叶萌发后，用 0.1%尿素进行叶面喷施，以利于新叶生长，但切忌在秋天喷施，以防新叶在冬天发生冻害。新枝若生长良好，树冠可生长 100 ~ 150 厘米，3 年后树冠便能长成半球状。

（2）桂花树。桂花树冠圆整，四季常绿，花期 9–10 月，维持 20 ~ 30 天，花簇生叶腋、香味浓郁，是点缀秋景的极好树种。

大桂花树移植比较常见，约 3 个月后树体基本成活，但必须带土球进行；以胸径 25 厘米为准，土球直径 80 ~ 120 厘米、土球高 60 ~ 80 厘米，草绳扎缚。桂花树喜肥、喜酸性土壤，一般要求植穴坑填入 80 厘米厚拌有缓释有机肥的肥土，调节好土壤的酸碱度，耙平后再填铺约 40 厘米厚的黄心土。移植后树体裹干至第一分枝处，注意不要缠得太紧，只要能护住树干就行。主干顶端枝要适当短截，疏剪枯、病和发育不好的枝条。在第二天补浇一次透水，3 天与 15 天后分别再浇一次透水，以后可视天气情况每间隔 7 ~ 10 天浇透水一次；若遇干旱天气，要视情况增加浇水次数和每次的浇水量。在浇水的同时可适当追施速效肥，但数量和次数都不能过多，间隔也不能过密，以免营养过旺，影响花芽分化。另外，北方地区应注意采取适当的冬季防寒措施。

（3）雪松。雪松干形端庄、姿态雄伟、叶色翠绿，作为独树一帜的优美景观树种，是大树移植的重要对象。

雪松萌枝力较弱，不宜重剪，只需疏除内膛枯密枝、重叠枝、干扰枝，适宜采用全冠栽植法。先保留树冠大小，待栽植定位后再适当修薄层次，平衡地上部与地下部的生长矛盾。雪松移植时挖掘大土球有利于提高移植成活率，如上海烈士陵园进行大树移植时，最大的一株土球直径达 3.5 米、重达 23 吨。遇到直径超过 2 厘米的根系不能用铁锹硬斩，否则易振裂土球，即便土球未散，只要根系发生松动，仍会极大影响移植成活率。

四 非适宜季节树木的栽植技术

树木一般选取根系休眠期进行栽植，即春季和秋季，但在夏季和冬季也会因为特殊原因需要反季节栽植。由于树木本身的生长习性，在非适宜的季节进行树木栽植会存在投资更大、景观效果较差、成活率低等问题。为了解决这些问题，需要从土壤整理、树种选择、土球规格、装卸运输、树木定植与假植、修剪整形、管理养护等多方面进行考虑，并采取特殊的栽植技术手段来确保树木的经济效益、生态效益和社会效益。

1. 夏季栽植

夏季天气炎热，太阳辐射过高，水分快速蒸发，易导致树木叶片枯萎灼伤。夏季栽植为了达到相应的景观效果，对技术要求便会更高，专业人员的施工管理也需要更到位，主要包括以下几点：

(1)树木选择。夏季栽植一般选择生长健壮、根系发达、树干通直、冠形完整、枝叶健全、无病虫害的当地树种。树木的年龄对树种栽植后的成活率有很大的影响，应尽量选择树龄较小的树木，才能快速适应新栽植地的环境。

(2)栽植穴挖掘。夏季水分蒸发快，因此树木栽植后浇水次数和浇水量也应随之增加。这就要求栽植穴除了需要满足设计要求和规范外，还要重点注意其排水功能，防止因根系水分过量而导致烂根。

(3)树木起挖。夏季树木起挖前应准备好适用的挖掘材料和工具，并避开高温时段，选择在阴雨天、上午 10 点前或下午 4 点以后为宜。施工过程中树木均应带土球挖掘，土球规格相较于常规要求更大一些。掘起后立即喷施生根剂、修剪根系及枝叶，选取合适的土球包扎方法进行包扎。

(4)栽后管护。夏季树木栽植后早、晚应对树冠喷雾，定期灌溉与排水以提高土壤的保水性，喷施抗蒸腾剂，同时包裹树干，减少树木的蒸腾。对受伤枝条或树干倒垂的树种重新进行修剪整形和设立支撑。最后，应加强病虫害和各种自然灾害的防治，以提高树木成活率。

2. 冬季栽植

冬季气温低，天气寒冷，树木易受冻，不利于树木栽植后的正常生长。我国的南方地区经常选择在冬季进行栽植，栽植时间通常为每年的 12 月份至次年 1 月份。干燥风大、土壤冻结的北方地区也有栽植，但相对较少。具体的栽植技术如下：

(1)起挖运输防冻。冬季栽植在处理上与夏季栽植相类似，均采用土球起挖法，且土球规格大于常规规格。由于天气寒冷，可以选择用草苫、棉被包裹土球，做好防寒防冻措施。针对需要长途运输的树木，最好选择防风的厢式货车进行运输。

(2)适当深栽。在冻土层较厚的严寒地区栽植时，为防止根系冻害，可适当进行深栽处理，但深度一般也小于 100 厘米，可有效提高根部温度，起到保温作用。

(3)选择耐寒耐冻树种。冬季栽植避免选择耐寒性差的常绿阔叶树，如白玉兰、黄兰、木莲等。同时，为了使树木能快速适应当地环境，应尽量就近取材，以当地树种为主，减少跨区域运输栽植南北树木，这对提高树木的成活率有很大影响。

(4)栽后管护。冬季在栽后对树干进行裹干处理，做好防寒措施。同时也需要灌溉、排水，使土壤温度达到稳定状态，促进土壤与根系的黏合，避免发生冻拔现象。但浇水后对树盘要及时进行覆土，减少树盘结冰的可能性。

(5)培土封堰。培土封堰可以提高地表温度，避免树盘结冰。另外，新栽植的树木根层相对较浅，通过培土可抬高冻土层，避免根系因处在冻土层内而发生冻害。

(6)搭建防风障。冬季寒风较大，可根据风向搭建防风障，阻止寒风直接侵害树木。

3. 预先计划性栽植

在园林施工时，由于某些客观原因导致树木只能在非适宜季节进行栽植时，依旧可以在适宜季节提前挖掘树木，运至施工现场，并做好假植养护措施，等待其他客观原因解决后，立即进行栽植。由于树木是非适宜季节进行栽植，所以应在早春萌芽前挖掘带土球树木，注意土球规格一般稍大于常规土球，并且为了防止过长时间放置导致土球松散，在包装时应适当加厚加密。若挖掘的是假植树木，则需要另外制造土球，简称“假坨”。假坨制作方法：首先，在地面上挖出与根系差不多大小的圆形坑穴，在穴内铺上蒲包等包装材料；再将树木根系置于穴内正中，树干挺直，根系舒展；然后，分层填入栽植土并夯实，直至与地面齐平（在此过程中注意避免破坏根系）；最后，将包裹材料收拢好，将假坨挖出，用草绳将其包扎好，放置在箩筐里。若土球直径超过 1 米时，应选择装在木桶或木箱里。

树木起挖后，需要立即运输至施工场地，并假植在土壤环境好、水源充足、交通方便的地方。假植前先将箩筐（木桶）内的培土去除，停止浇水。阔叶树种要根据树种特性重新修剪树冠树枝，必要时可将树木的全部树叶剪去，以减轻树木本身的负担。栽植入穴前，先将包装材料取出，再将土球置于穴内。假植树木以两行为一组，栽植间距一般为 6~8 米，保证运输车辆能正常通行，栽植密度以栽植树木在新梢生长过程中互不干扰为标准。当树木在生长期进行栽植时，需及时采取浇水与施肥、病虫害防治、整形修剪等措施，以利于生根发芽，保证树木正常生长。

4. 临时特需性栽植

临时特需性栽植是指园林施工中没有预先计划，但由于特殊需要，必须进行非适宜季节栽植的活动。不同于预先计划性栽植，这种栽植没有时间提前准备起挖与假植。因此，遇到这种情况，必须做到“随掘、随运、随栽”，减少挖掘、运输和栽植的时间，避免树木途中损伤及死亡。在实际操作中，不同的树木类别，采取的技术措施也会不一样，应学会灵活运用，提高专业人员的实践能力。

（1）常绿树的栽植。常绿树种叶片大多已经展开，水分蒸腾大，栽植过程中容易因水分缺失而发生叶片萎蔫或大片脱落的现象。因此，在夏季可对叶面喷洒10～15倍的抗蒸腾剂，在冬季喷洒18～20倍的抗蒸腾剂。不仅如此，在起挖前，还需对树木进行冠枝修剪，重点去除枯枝、病虫枝、长枝、旺枝等，一般以树冠总量的1/3～1/2为宜。修剪时可以结合整形，以免出现偏冠的现象，影响树木长势。若选择春梢生长结束、二次梢还未开始的树种，对树冠只需进行简单的疏剪。起挖后，树木应带有较大的土球，并立即运至施工地进行栽植，运输过程中定期给根系灌水、叶面洒水。栽植后，设立支架，防止树木倒伏，进行防风防寒处理，从而提高非适宜季节常绿树的移栽成活率，并增强第二年春季树木的长势。

（2）落叶树的栽植。落叶乔木具有冠幅较大、生长快、萌芽力强、蒸腾快等特点，因而在栽植时容易导致树木水分缺失、生长因子不平衡，最终导致树木成活率降低。因此，应在常规操作的基础上采取针对性的处理方法。比如，修剪徒长枝及花、果；修剪口要涂漆，防止伤口水分蒸发和病虫感染；根据树种及规格在土球周围抹上生根粉溶剂或栽植后将ABT生根粉溶液随水灌入；在栽植后为了尽快促发新根，可灌溉浓度为0.001%的生长素；易日灼的地区，树干裸露则应用草绳进行卷干；生长较慢的枝条越冬性能差，在入冬时要注意防寒。

第二节　树木管护技术

一　土、肥、水、光管护技术

随着我国城镇化进程的加速，人们对农村环境的要求也越来越高，对于人居林树木的保护管理也变得越来越重要。树木管护主要以土、肥、水、光这四类生长因子为出发点，提高土壤肥力，改善营养调控，提供充足的水分和光照条件，满足树木所需的各种营养元素，确保树木生长发育良好，达到枝繁叶茂的景观效果。

1.土壤管理

（1）松土除草。绿化栽植后及时松土除草，做到“除早、除小、除了”。因栽植地土壤的差异性，有些栽植地土壤硬结，寸草不生，而有些则杂草丛生，与栽植树木竞争养分。松土除草可改善土壤的物理和化学性质，发挥土壤自身的透气和透水性，消除土壤中杂草与树种竞争养分，减少病虫害，促进树种生长。尤其夏季杂草生长快，水分难以渗透到土壤中，地表干燥，松土除草成为不可忽视的养护措施之一。

除草时间宜选在晴天或者初晴的上午，除草的深度在 3～5 厘米。以不伤根、皮、树梢和除尽杂草、土中石块为目的，主要清除树边的野草杂草，为树根提供良好的生长环境。松土时间一般安排在除草后或雨后的一两天，具体深度根据土壤和树木情况而定，如土壤黏性较强时，可以适当地进行深度松土。

当绿化面积较大时，人工除草劳动强度较大，可采用化学除草，根据杂草的具体生长情况、相关种类和除草时间选择合适的除草剂，如氟乐灵、百草敌、五氯酚钠等。除草的深度为 5～15 厘米，除草次数以每年进行 2～3 次为宜，首次可在 4 月到 5 月之间，第二次可在 6 月到 7 月之间。

（2）地面覆盖。地面覆盖即利用有机物或植物体覆盖在土壤表层，不仅可以减少水分流失及地面径流，还能增加土壤有机质，调节土壤温度，抑制杂草生长。覆盖材料遵循“就地取材、经济适用”的原则，如树叶、水草、锯屑、马粪、谷草、豆秸等。幼树或者栽植在草地上的树木，仅在树盘下覆盖 3～6 厘米厚度的有机物与植物体。

地被植物作为一种特殊的地面覆盖物，常以草本植物（含绿肥类、牧草类植物），低矮、匍匐灌木和蔓性木本植物为主，如表 7–3 所示。这类地被植物成本低、耐阴、适应性强、覆盖作用好、生命力顽强，并且有一定观赏和经济价值。

表 7-3　常用地被植物

类别	常见种类
草本植物（含绿肥类、牧草类植物）	蕨类、石竹类、鸢尾类、麦冬类、玉簪类、百里香、酢浆草、彗草、沿阶草、吉祥草、蛇莓、二月兰、铃兰、丛生福禄考、绿豆、豌豆、紫云英、草苜蓿、羽扇豆等
低矮、匍匐灌木	箬竹、菲白竹、倭竹、铺地柏、沙地柏、地锦类等
蔓性木本植物	金银花、木通、木香、扶芳藤、常春藤类、蔓性蔷薇、裂叶金丝桃、野葡萄等

(3)土壤改良。在使用化学、生物、物理等土壤改善措施时，往往会出现一些不良性状反应，这种情况下需要通过土壤改良的方式增强土壤肥力，增加土壤空气流通性，提高树木成活率。土壤改良将从以下三个方面进行：

深翻：深翻程度因地因树而异，主要与栽植地的土壤性质及根系状况有关，一般以 60～100 厘米为宜。黏土宜深，沙土宜浅；地下水位较高的宜深，反之宜浅。原土层的下层砂石较多或为半分化的母质时，也必须进行深入挖掘，补充土壤。深翻一般是从秋末到冬初，或者在早春进行。秋末树木处于休眠期，养分开始回流，同化物的消耗开始减少，该时期进行深翻能够促进伤根快速愈合，若结合补施基肥更有利于根系的恢复，刺激部分新根生长。早春深翻应在土壤解冻之后，该时期树木根系刚开始吸收养分，生长缓慢，被切断的根系更容易愈合再生。深翻次数视具体情况而定，黏土、涝洼地深翻后容易硬结，保持年限较短，一般一年深翻一次；地下水位较低、土质良好，保持年限较长的栽植地可每 3～4 年深翻一次。

客土改良：不同的土壤酸碱度规定了土壤改良次数，如土壤酸碱度在 8.0～8.5，每年需改良不低于 2 次；若土壤酸碱度大于 8.5，每年需改良 3

次。具体的客土改良还需要根据树种生长习性及土壤环境进行考虑，如山茶、杜鹃这类喜酸性土壤树种的种植地不符合要求时，需将一部分地区的土壤变成酸性土；对黏土使用有机肥料，加入适量的沙土，沙性强的土壤加入适量的泥和土；若采取一系列土壤改良措施后，土质仍然不良时，需要酌量增大栽植穴，重新换上肥沃土壤或半分解状态的堆肥和腐熟肥。通过运用这些特殊的土壤改良方式提高土壤肥力，为树木生长创造良好的土壤环境。

培土：作为栽植地，根据树木实际的生长需求在土壤中添加一定比例的土壤基质，培土量视植株的大小、土源、成本等条件而定。对于某些土层薄的特殊地区，添加适宜的土壤基质，用于增强土壤厚度，改进土壤的深层结构；而对于南方某些常年高温且多雨的地区，存在土壤流失严重和肥力不足等问题，树木根系长期裸露，生长势差，则需要及时进行培土；在常年寒冷的北方地区，土壤保持相对稳定，多选在秋末、冬初期间培土，此举除抵抗自然灾害外，还能够起到抗冻保温、促进土壤成熟和沉淀的作用，有助于树木的生长发育。

2.施肥管理

目前，由于栽植地区的表土层受到一定程度的自然和人为因素的破坏，造成土壤中有机质和营养元素的流失，难以长期满足树木生长的需求。合理安排肥料的用量、时间、方式能够起到完善土壤结构、提高土壤营养含量的作用，是增强土壤肥沃程度最有效的措施。同时，肥料的添加还可以加快根系的生长发育，促进枝干的发芽延伸和开花结果，提高树木成活率。基于以上原因，施肥对于增强园林树木的生长极其重要。

(1)施肥配方。园林树木在生长过程中，需要各种各样的营养素。由于对碳、氢、氧、氮、磷、钾、硫、钙、镁等需求量大，所以这些元素被称为大量元素；另外，一些如铜、锰、钴、锌等元素的需求量很少，统称为微量元素。其中，碳、氢、氧是最重要的，是植物有机物质的重要部分，主要来源是水和空气，占全部植物成分的90%以上，剩余元素仅占不到10%，靠从土壤中吸收获得。

植物需要的三种大量元素是氮、磷和钾，由于需求量高但土壤中含量较少，所以多将它们作为土壤肥料，称为肥料三要素。适宜的氮、磷、钾比例可以提高施肥效果，其比例要根据不同的生态条件(气候、土壤)和不同的树种而定。而施肥比例根据所施肥料的营养元素和树木的营养诊断结果来决定。

(2)施肥时期。在施肥管理上，根据肥料性质以及施用时期，施肥一般分为施基肥和追肥两种类型。

基肥：也称"底肥"，是指在定植前，或者在多年生树木每个生长季末或生长季初施用的肥料，以有机肥、绿肥等缓效型肥料为主，如污泥堆肥、家畜粪、草木灰等。最常用的营养有机肥需要在满足已腐熟、已稀释的条件下使用，并注意控制单次的使用量。它可以长期供给树木整个生长期所需要的基础养分，提高土壤的疏松度，增加土壤空隙，提升地表温度，起到改良土壤和培肥地力的作用，能促进根系生长，为树木生长发育创造良好的土壤条件。

基肥根据施肥季节又分秋施基肥和春施基肥。秋施基肥即在树木根系休眠期施肥，为有机质腐烂分解提供充足的时间。施基肥时结合部分速效性化肥，可以使伤根快速愈合，提高树液流动，增加树木养分的积累，防止冬季土壤干旱冻裂，并为来年树木的健康生长打好物质基础。春施基肥一般应用较少，存在一定的弊端。一旦有机物没有完成分解，早期肥料发挥不充分，养分不能及时供给根系吸收，到生长后期才发挥肥效，会造成树木枝梢的二次生长，对树木生长发育不利，特别是对某些观花、观果类树木的花芽分化及果实发育不利。

追肥：又称"补肥"。具体的追肥时间根据树种、树木各物候期特点、栽植地环境和树龄等因素决定，一般在生长高峰期、开花前期或后期和花芽分化期撒施。观花类树木宜在开花后期和花芽分化期追肥，观果类树木在果实膨大期施壮果肥效果最佳，主要以氮、磷、钾为配方原料。树木生长发育的不同阶段，其养分需求也不同，根据树龄进行阶段性施肥，如幼龄树施肥、中龄树施肥和成年树施肥等。栽植2～3年类的花木、庭荫树、行道树及景观树等，生长不稳定，具体施肥时期则需视实际情况合理安排，灵活掌握，一般每年在生长期进行1～2次追肥，营养缺失严重的树木可随时追肥。

(3)施肥位置。掌握精准的施肥定位，更有利于根系的吸收，如幼龄树和中龄树吸收根的分布范围一般在树冠垂直投影的外轮廓附近，施肥位置以树冠滴水线附近为准，施肥深度应达到根系密集层；衰老古树的施肥位置为树冠投影半径的1/2附近，避免过于靠近树干基部，施肥深浅应适宜。

(4)施肥方法。施肥的方法根据肥料的吸收部位，可分为土壤施肥和根外追肥两种。其中，土壤施肥是最主要的施肥方法。

土壤施肥：将肥料均匀施在吸收根分布区域，与根系特点相适应，能更高效地促进根部吸收所需的养分，引导根系向外扩展，将肥效发挥至最大。正常情况下，树木的吸收根垂直深度多聚集在20厘米左右的土壤层，水平距离与树冠的垂直投影相一致。可在树冠投影的外侧挖掘适宜的施肥沟或施肥坑，对深根性树木和树龄较高的树木施肥时，需扩大施肥范围，并逐年加深，以满足树木根系的不断扩大。同时，根据树种、树龄和肥料需选择不同的土壤施肥方法，主要有地表施肥、沟状施肥、穴状施肥、打孔施肥和水施等。

地表施肥适用于生长在裸露地面上的小规格树木，结合土壤和水分管理进行撒施，使肥料充分进入根系密集的土壤层。注意，切忌在树木基部30厘米内干施肥料，以免造成根颈和干基损伤。沟状施肥可分为环状沟施、辐射状沟施和条状沟施。其中，环状沟施操作简便、用肥经济，使用最为普遍，但在挖沟时容易伤及水平根，多适用于孤植景观树。施肥沟的宽度一般为30～40厘米，具体沟深需依据树种、树龄、根系分布深度及土壤性质而定。辐射状沟施虽然施肥沟根部范围相对较小，施肥部位存在一定局限性,但伤根较少。条状沟施常用于行列式树木,如行道树。在树木行间或株间开沟施肥,操作简单快捷,但容易对草皮造成局部伤害。穴状施肥是在需要施肥的区域内挖掘施肥穴,此法操作方便,但对草坪树木施肥时也会造成草皮的局部破坏。打孔施肥使用电钻、气压钻等打孔设备在树木周围打孔，每隔 60 ~ 80 厘米打入一个深度为 30 ~ 60 厘米普通钢钎,拔出后将肥料均匀地施入各个孔洞,然后用表土将孔洞堵塞踩紧。对于树木周围有铺装的地方,可以使用本身带有动力和肥料的钻孔直接打进,速度快且不会破坏地面。水施主要是与喷灌、滴灌结合进行施肥。水施供肥及时,肥效分布均匀,既不伤根系,又保护耕作层土壤结构,节省劳力,肥料利用率高,是一种很有发展潜力的施肥方式。

根外追肥:根外追肥供应养分的速度比土壤施肥更快,利用喷、涂或注射的方式作用于树干、叶片、枝条等地上器官,使营养直接进入树木需要养分的部位,避免土壤对肥料的固定和损失。若叶面泛黄枯萎时,及时叶面喷雾易吸收的有机液体肥料来补充营养,将效果显著的肥料,如尿素、硫酸铵、磷酸二氢钾等,进行配比形成 0.5% ~ 1.0%的溶液,在早晚时间或阴天情况下对叶面喷雾,频率在半个月一次,利于叶面的光合作用,促进树木对养分的吸收。

3.水分管理

水分是把树木所有的生命活动联系在一起的纽带，水分管理的目的是维持树体水分和养分平衡、树木正常生长发育,能够更好地满足树木的栽培要求。土壤中若出现水分含量不平衡的情况,会影响树木,甚至林分环境的整体水分代谢,不利于树木的生长发育。一般的水分管理分为灌溉管理和排水管理两部分。

(1)灌溉管理。树木是否需要灌溉,由土壤水分情况和树木对水分的需求来判断。为了维持树木的生命,树木灌溉一般选择在合适的灌溉日进行,首先对土壤持水量进行检测,以确定具体的灌水流量和灌溉时间。土壤持水量是指土壤空间内保存的最大水量。最适合树木生长的土壤持水量应控制在 60%～80%，不宜过高或过低，若持水量低于 50%的时候，就需要及时补充水分，进行灌水。灌水流量指的是单位时间内流入林地范围内的水量，主要以树木种类、年龄和土壤肥力条件、季节等为参考。灌溉管理要注意灌水流量的把握，灌水流量过多时会导致积水发生，土壤吸收水分的时间也会减慢，造成土壤活性恶化，并且严重浪费水资源；相反，若灌水流量不足，会增加灌水工作量，单次注水时间变长，土地无法保持适宜的湿润度。灌水流量的计算需考虑土壤湿度、容积比重、持水量等因素。

随着现代科学技术和工业水平的发展，灌水方法不断获得改进，趋向于简易化、机械化，灌水效率也得到显著提高。合适的灌水方法可以提高灌水效率，节省灌水环节的时间。树木的灌水方法，根据灌水面积、配置方式和土壤情况等分为以下几种：

漫灌：地面平整、树木成片栽植的情况下可分区筑埂，随后采用漫灌的方法向土埂内放水至地下土壤被淹没，而后在灌水渗入之后挖平土埂，保持土壤湿度。漫灌的方法比较浪费人力物力，还会对土壤结构造成破坏，使表土凝固，在实际灌水操作中尽量避免使用。

盘灌：以树干为中心，在树冠投影范围内挖埂围堰，形成圆盘状并进行灌水，称为盘灌。一般盘的深度设在 15～30 厘米，具体参考树冠水滴线标准，综合考量深度的设置与具体操作的难度。盘灌放水前需在盘内进行松土，使水充分渗入土壤，再将土埂整平。盘灌的方式虽然很经济，但是土壤湿润的范围很小，远离树木基干的根系很难供给水源，另外也存在破坏土壤结构、使表土凝固的缺点。

穴灌：是指在树冠投影范围的外围挖若干个坑穴并注入水，直至穴被水填满。穴的数量不固定，主要根据树冠的规格尺寸决定。为保证灌水的顺畅，通常情况下设置 8～12 个坑穴，每个穴的直径控制在 30 厘米左右，另外挖穴的深度不可伤及树木的粗根。穴灌是一种操作方便的树木灌水方法，使用率也较高，被广泛用于街道和广场的地面铺装中。穴灌用水经济，浸湿根系范围的土壤较宽且均匀，不会引起土壤板结，此方法尤其适合水资源匮乏的地区使用。

渗灌：是指利用特殊的细管等工具设施进行灌水的方法。将细管埋入地下，深度控制在 30～40 厘米，灌入的水会先浸湿细管中的小孔，接着通过小孔向外渗透、湿润土壤，渗灌的效率高，也是一种常用的灌溉方法。

地下灌溉：主要利用地下水管进行水的输送，水管上设有很多孔，水通过这些孔向外渗出，浸湿水管周边的土壤。这一方法的优势在于不流失水分，也不会引起土壤凝固，较为节水。在农耕中使用较多，比地面灌水的方法更加便利，但需要条件完备的设施作为支撑。另外，在碱性土壤中使用地下灌溉的方式时要注意"泛碱"的情况。

喷灌：是指利用专业的设备进行灌水。将水连接专业设备后，通过设备向外喷洒，形成"雨点"，进而浸润土壤。喷灌是使用率较高的灌水方法，不仅用水经济，而且节约人力，还可以适当扩大灌溉面积，预估可比地面灌溉节省 30%～50%的水量；水滴直径和喷灌强度可根据土壤的透水、透气性等实际情况调整，使水分充分渗入土层，保持土壤松软和强适应性。使用喷灌时应注意，风力在 3～4 级时必须停止喷水。

滴灌：是利用滴水设备进行灌水的方法，使用滴头连续地或者间歇性地将水渗入土壤，使土壤逐渐浸湿。这种方法节水、效率高，但对设备和技术的要求都比较高，随着计算机自动化控制技术的普及，这种方法越来越受到关注。

沟灌：在片植的树木或树林中较为常用，方法为每隔 100～150 厘米挖一条沟，沟的深度为 20～25 厘米，之后向沟内注水至渗透沟的底部完成灌水，灌溉结束后把沟填平。在地面灌溉的方法中，沟灌是相对合理的方法，沟灌的过程中土壤能够得到均匀的浸润，防止水分过多蒸发和流失，既达到了经济用水的目的，又可维持土壤原有的结构不被破坏。利于土壤内微生物的活动，还可通过减少整地工作量的方法，使沟灌机械化耕作更加简便。

雾灌：随着近些年科学技术的快速发展，雾灌成为一种新兴的节水灌溉方法。雾灌是对滴灌和喷灌技术的融合和提升。在低压的情况下雾灌多用在局部灌溉，因此较之其他灌溉方法更为经济。江西省南城县雾灌橘园采用了雾灌方法之后，橘园的平均产量增加了50%左右。

（2）排水管理。当土壤中含有过剩的水分时，需要进行排水与统筹管理，最直接的方法就是设置排水系统。排水系统的作用主要体现在维持土壤中水分的平衡上，能够保持土壤中的空气流动，促进土壤与外界的空气交换。如很多树木生长在地势低的区域，在遭遇强降水时会出现积水不能及时流出的情况，可设置排水系统解决其积水问题；土壤浸水性不好，表土下不透水层的设置会让地下水位过高，雨季易浸水，形成经常性的土壤湿润情况，也可使用排水的方法解决。及时的排水对树木的生长十分关键，合适的排水方式主要有以下几种：

地表径流：地面坡度控制在0.1%～0.3%，不留凹凸死角。目前大部分绿地是采用地表径流排水至道路边沟的方法。此方法经济有效，但需要精心安排。

明沟排水：在树木旁边设置纵横交错的排水沟及其配套设施，排除积水。

暗沟排水：在地下铺上暗管，用砖石砌沟排除积水。暗沟排水系统与明沟排水系统类似，也有干管、支管和排水管之别。这种排水方法的优点是不占地面，但是设备费用高，实用性较低。

盲沟排水：以浸水性强的材料（如砂石、矿渣等）铺成的排水沟叫作盲沟，主要方式为渗透排水。这一方法只能在狭窄的范围内使用，局部排水的作用较大。

4.光照管理

光对树木生长的作用至关重要，是树木制造有机物质的能量源泉，能够促进树木组织和器官的分化，制约各器官的生长速度和比例，使树木整个生长期处于一个动态平衡的状态。由于树木长期适应了生长环境的光照强度,形成了不同的需光度,一般可分为喜光树种、耐阴树种和中性树种。喜光树种只能在全光照条件下生长,其光饱和点高,不能忍受任何明显的遮阳环境。典型的喜光树种有落叶松属、松属、杨属、柳属等。耐阴树种光饱和点低,耐受遮阳,在全日照光强的 1/10 条件下也能进行正常的光合作用,其光补偿点仅为太阳光照度的 1%,光照度过高反而影响其正常的生长发育。典型的耐阴树种有冷杉属、红豆杉属、铁杉属、水青冈属、云杉属中的一些种类以及八角金盘、珊瑚树等。中性树种介于上述两类之间,比较喜光,稍能耐阴,光照过强或过弱对其生长均不利,大部分园林树种属于此类,如鹅耳枥属、青冈属中的一些种类以及杉木和香樟等。此外,树种的需光度还与其所处的生长发育阶段有关,一般情况下幼年期较耐阴,即便是喜光树种的幼苗在培育期也需要一定的遮光处理。

树体受光量:树体的受光情况与树体所处的地理位置和季节有关,照射在树体上的光一部分被树体反射出去, 一部分透过枝冠落到地面上,还有一部分落在树体的非光合器官上,因此,树体对光的利用率取决于树冠大小和叶面积多少。树体的受光类型可分为四种,即上光、前光、下光和后光。上光和前光是从树体上方和侧方照到树冠上的直射光和部分漫射光,这是让树体正常发育的主要光源;下光和后光是照射到平面(如土壤、路面、水面等)和树后的物体(包括临近的树和建筑物墙体等)所反射出的漫射光,其强度取决于栽植密度、建筑物状况、土壤性质和覆盖状况等树体周围的环境,如图 7-9 所示。树体对下光和后光的利用虽不如

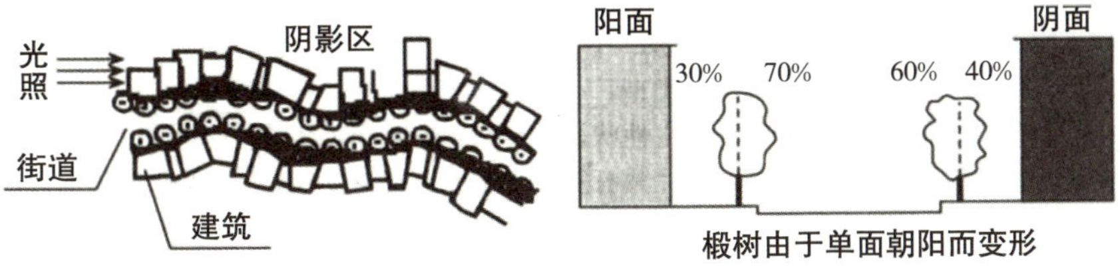

图 7-9　建筑物对树体受光的影响

上光和前光，但因其能增进树冠下部的生长而对树体生长起相当大的作用，在制定栽培管理措施时不应忽视。

(1)控制光照强度。太阳光照的强度、质量和时间影响着树木的生长发育，根据树木的需光度和受光度进行光照管理，主要从补光和遮光两个方面进行调节。

补光：根据树木种类和生长发育阶段来判断补光量和补光时间。补充光照的光源主要有白炽灯、荧光灯、高压汞灯、金属卤化物灯、高压钠灯等。白炽灯价格最低，使用最为普遍，主要辐射红外线，但发光率低；荧光灯最接近日光，对光合作用有利，且发光效率高，使用寿命长，利于树木的光合作用；高压汞灯主要包括蓝绿光、可见光和紫外线光，发光效率较高、使用寿命较长。

遮光：遮光分为部分遮光和完全遮光。部分遮光主要是针对耐阴植物的遮光处理。一般利用草席、苇帘、遮阳网覆盖在树木上而达到减弱光照的目的。完全遮光多用于调控花期和育苗过程，多用黑色塑料薄膜覆盖。注意保证黑色塑料薄膜内通风流畅，能够使水蒸气尽快散失。

(2)合理配置树木。不同树木要求不同的光照强度，可通过合理配置树木的方式达到光照平衡。如多种树木组合时，将喜光树种栽植在上层景观，中性和耐阴树种栽植在下层景观；单一树种栽植时，喜光树种的栽植地尽量选在阳光充足的地方，中性和耐阴树种栽植在背阴处或阳光温和处。同时，在树木生长过程中，可通过修剪整形的方式来改善喜光树种的光照条件，利于其开花结果和花芽分化。

二 病虫害防治技术

病虫害的发生与自然环境息息相关，乱砍滥伐、环境污染等会导致自然中存在的害虫的天敌迅速锐减，甚至灭绝，加速了病虫害的发生。另外，为保证树种的多样性，栽植中引进了很多国外的优势树种，一定程度上增加了外来害虫入侵的概率，导致树木病虫害的发生。人居林中一旦发生病虫害，会造成树木的叶、花、果、根、茎等多处生长不良，出现腐坏和凋零现象，一方面抑制树木的生长势，另一方面导致树木的景观效果和观赏价值大大降低。因此，应提高树木栽培和培育技术水平，科学防治病虫害，并将“防重于治”作为日常工作的准则。

病虫害防治是一个系统工程，耕作防治，物理、化学和生物防治，植物检疫技术等都是可利用的病虫害防治手段。

1.耕作防治法

通过改进栽培技术，既能促进植物的生长发育，又能抑制病虫害的发生。这一方法虽然可以长期控制病虫害，但也有一定的局限，发生病虫害的时候必须结合其他的预防措施，才能更快速有效地消灭病虫。首先，优先选择适合当地种植的抗病虫树体，在此基础上大量栽植与培育无病虫害树体。第二，选择土质疏松、排水通气性好、腐殖质多的地区作为栽植地。栽植前深耕改土，并利用日晒、土壤或营养土消毒等措施，消灭大部分病虫害。第三，为避免病虫害在林木间的传播，需合理配置树种，例如将海棠种植在柏树附近、芍药种植在松树附近，很容易引起海棠的锈病和芍药的锈病。最后，通过合理修剪、中耕除草、翻土培土以及肥水管理等养护工作，不仅能够提高树木的长势，改善种植环境，还可以减少病虫害。如刺蛾、飞蛾等害虫可以用剪虫枝的方法来防除。

2.物理防治法

采用物理方法进行病虫害预防和治疗的办法，分为人工法和物理技术法。人工法是直接进行人工捕杀，对于部分群集性和目标明显的害虫较为适用，能达到较为理想的效果；物理技术法指物理技术在防治病虫害中的应用，如阻隔法、诱杀法、热力处理法和放射处理法。阻隔法是指有计划地设置障碍物进行病虫防治，如将黏胶涂于树干，直接阻断了病虫害的侵害路线。诱杀法主要根据昆虫不同的习性与喜好进行诱杀，如在夜晚可以利用灯光引诱夜蛾类、螟蛾类、毒蛾类喜欢在夜间活动的昆虫出来并杀死，也可将带有鲜艳颜色的胶带吊在栽培场诱杀部分对颜色敏感的昆虫。有的昆虫对某些食物有特殊的嗜食习惯,可在它们喜好的食物中加入毒药或有害物,以此诱杀。热力处理法通过调节温度来预防和治疗病虫害,不适当的温度会影响病虫的代谢,抑制它们的活动和繁殖。放射处理法利用放射线和能源等物理方法来防治病虫害,常见的有原子能、超声波、紫外线、红外线等。

3.生物防治法

该方法效果持久、经济安全,主要利用生物之间的相生相克关系来控制病虫害。生物防治法具有相当可观的发展前景。可利用害虫的病原微生物杀死害虫,也可利用捕食性和寄生性的天敌昆虫和益鸟来驱除害虫。例如,菌肥可以预防一些真菌病、细菌病和花叶型病毒病;青虫菌可以有效地预防柑橘的凤蝶、尺蠖、飞蛾等。生物防治法虽然见效较慢,但是不会污染环境,不会导致害虫出现抗药性,不会威胁到人畜的安全,却能平衡生态系统,所以该方法的生态环保效能十分明显。

4.化学防治法

化学防治法是利用药剂、药品等化学制品的毒性来克制病虫害,其优点主要体现在防治范围广、效果快且明显、操作简便、无地方和时间的限制。化学防治法必须注意预防和治疗的对象,药品的种类、浓度、用量,时间和条件等。药剂使用浓度以最低的有效浓度为宜,若使用不当不仅会引发植物、人畜中毒,还会造成自然环境的污染和破坏,导致一些病虫害的天敌灭绝等,具有非常高的危险性。因此,化学防治需要在其他病虫害防治方法的基础上使用,或与其他方法配合使用,才会有更好的效果。

在化学预防和治疗方面使用的化学药剂种类很多,分为杀虫剂和杀菌剂两类。杀虫剂的性质和使用各不相同,主要有胃毒剂、触杀剂、熏蒸剂和内吸剂等种类。一般的杀虫剂是敌敌畏、乐果、氧化乐果、三氯杀螨砜、杀虫脒等。杀菌剂可分为保护剂和内吸剂,主要的杀菌剂是多菌灵、粉锈灵、托布津、百菌清、波尔多液等。

5.植物检疫技术

为了防止病虫害随种子、植株或其产品在国际或国内不同地区造成传输现象，国家设立了专门的检疫机构，对进口或出口的植物材料及产品进行全面检疫，发现有病虫害的材料及产品就地销毁；若发现危险性害虫成群传播新地区时，必须及时消灭，限制害虫区扩大。

三 林分管护技术

1. 完善组织管理体系

林分管理是提高乡村人居林景观的主要举措，为了保证乡村人居林林分抚育管理工作顺利有序地开展，需明确主要领导及分管领导的管理责任及目标，细化分工，密切协作，规范林分管理工作。并依据公开、公平原则不定期对管理人员进行全面考查、重点抽查、科学考评。同时，每间隔一个季度召开一次全体工作会议，对抚育管理工作安排进行集中商议，提出意见及整改措施。

2. 落实计划管理方针

结合林业规划，有计划地设计林分管理作业计划，并与设置质量检查验收岗位、设计岗位及林调岗位相配合，严格贯彻“先急后缓、远近结合，先商品林、后公益林，突出重点、集中连片”的原则。根据不同的林分选取不同的抚育管理方式，如单层林郁闭度 0.8 或复层林郁闭度 0.7 以下的林分，应避免选择采伐方案，确定补植方案。

3.细化林分管理条例

林分管理关键在于立足全局，树立生态第一原则，从生态景观视角出发，认真做好林木幼期、林木中期管理工作。

林木幼期抚育管理重点为土壤环境。连续三年利用松土除草可以防治杂草丛生、土壤板结，增强土壤肥力及透气性，提高幼小林苗成活率。在进行具体林分管理时，作业人员应严格依照不伤皮、不伤根、不伤梢的

“三不伤”原则及杂草除尽、石块捡尽的“二尽”原则。一般松土深度应在5.0～10.0厘米，若栽植地土壤湿度较小，可以适当增加松土深度，保证里部浅、外部深。在除草松土作业开展的基础上，幼树旁灌木也需要割除，避免杂草与幼树竞争外界阳光、水分、营养物质，并定期浇水、施肥，为幼树提供健康的生长环境。

林木中期抚育管理重点为卫生伐。即根据前期制订计划，依据规定流程，紧贴树干表面，从即将被采伐树木的根部朝着树梢位置打枝。同时保留生长旺盛无病虫害枝干，将主干不明确和分枝众多的劣枝修理干净。并在树木采伐完毕后，对整个林地进行清理，严格执行森林科学清理、森林防火原则，避免林分管理阶段的不当手段对人居林生态环境造成破坏。

第三节　新技术运用

随着栽培技术的发展和栽植手段的更新，近年来在栽植过程中不断尝试新技术和新方法，如使用植物生长调节剂、植物抗蒸腾保护剂、土壤保水剂、石硫合剂和采用病虫害防治的化学处理措施等，有效地提高了树木成活率。

一　植物生长调节剂

植物生长调节剂是一种非营养化学调节剂，调节作用主要体现在对植物内部的发育上。这一调节剂是从植物中提取的赤霉素，或者通过对植物内源激素的人工合成，形成新的结构形式。另外，还有部分在化学构造上和植物内源激素不相一致，但同样具有调节植物生长能力的物质。

植物生长调节剂有着调控树体生长效应的作用，在现代园林树木的栽植中得到了广泛的应用。在树木栽培中针对农业技术难以解决的问题使用植物生长调节剂可在短期内发挥效果，如改变枝条生长方向、调节花芽分化、提高果实成熟率、改变果实的成熟期、增强树体的抵抗性、控制营养的生长、打破或延长休眠。不仅如此，使用植物生长调节剂还可以降低树木养护成本，提高养护管理效率。目前，植物生长调节剂的种类和应用越来越广泛，主要包括以下几个方面：

1.生长素类

生长素类调节剂在树木栽培中的作用主要是促进根系的生长，改变枝条生长方向，促发短枝，防止落果。主要生长素有萘乙酸及其同物、吲哚乙酸及其同物和苯酚化合物。这三种不同类型的生长素对树体活力的影响也有一定的差别，持久度依次为：苯酚化合物 > 萘乙酸 > 吲哚乙酸；从插条生根的促进作用来看，依次为：苯酚化合物 > 吲哚乙酸 > 萘乙酸。

2.赤霉素类

1938 年，日本第一次将赤霉素结晶从水稻的病菌中分离出来，至 1983 年已发现 70 种含有赤霉烷环的化合物，常见的有 GA_1、GA_3、GA_4、GA_7、GA_8 等。不同的赤霉素所表现的活性不同，主要具有促进新梢生长、恢复幼苗正常、促使生长节间伸长的效应。

3.细胞分裂素类

细胞分裂素在有赤霉素存在的情况下有更强的刺激生长作用，它可促进树木侧芽的萌发，增加分枝角度和生长出新梢，并可较长时间维持叶片颜色。但其溶解度低，在植物体内不易运转，故应用受到一定限制性。

4.ABT生根粉

ABT 生根粉是一种促进树根生长的试剂，因效果显著而被广泛应用。使用时需注意 ABT 生根粉不能与任何金属接触，在配制药液、浸施时，不能使用金属器具，也不能与含有金属元素的盐溶液相混合。

5.乙烯发生剂和乙烯发生抑制剂

自 20 世纪 60 年代首次确认了乙烯是植物激素后，其广泛应用于植物生长过程中，主要具有促进树芽生长、延缓花期、提高抗寒力等功能。

6.生长延缓剂、抑制剂

生长延缓剂的作用主要是抑制树梢分生组织的细胞分裂增长，延缓树木生长速率，或在浓度较高时抑制树梢全部生长。如比久、矮壮素和多效唑等，可以抑制新的树梢生长，促进花芽分化，降低树木蒸腾效应。

二 植物抗蒸腾保护剂

植物抗蒸腾保护剂主要解决因树木树冠的蒸腾效应而引起的水分流失，从而提高树木栽植的成活率。

1.植物抗蒸腾剂

植物抗蒸腾剂是一种高分子化合物，主要喷洒于树冠的枝叶部分，喷洒后在叶面上形成薄膜，具有透气、可降解的特点，对降低树木的蒸腾效应有重要作用。减少因叶面过分蒸腾而引起的枝叶萎蔫，可有效缓解高温季节栽植施工过程中出现的树体失水和叶片灼伤，特别是对于新栽培的树木，根部受到损伤而不能正常吸水时，喷射植物抗蒸腾剂不仅能有效减少水分流失，缩短树木复壮时间，显著提高树木成活率，而且还能起到抗菌防病和减少落叶的作用，在一定程度上增强了观赏效果。北京市园林科学研究所先后多次在大叶女贞、大叶黄杨等树种上进行了喷施试验，结果表明树体落叶期较对照组晚 15～20 天，且落叶数量少，在一定程度上增强了观赏效果；在其后的推广试验中，对新移栽的悬铃木、雪松、油松喷施后，树体复壮时间明显加快。

2.抗蒸腾防护剂

抗蒸腾防护剂可以在树木枝叶上形成保护薄膜，进而有效提高树体抵抗不良气候影响的能力。防护剂在使用过程中可减少树体中水分的流失、抑制病虫害的出现和预防枝叶破损。抗蒸腾防护剂有干剂和液剂两种，液体制剂可用喷雾器喷施，常常与肥料、杀虫剂、农药、营养剂一起施用，每亩林地使用液体抗蒸腾防护剂的参考用量为 30～150 千克，所呈现的效果会更明显。此外,北京裕德隆科技发展有限公司与清华大学生态科学工程研究所研制的抗蒸腾防护剂，在自然条件下缓释期为10～15天，形成的固化膜不仅能有效抑制枝叶表层水分蒸发而提高植株的抗旱能力,还能有效抑制有害菌群的繁殖。据介绍,该产品形成的固化膜在无雨条件下有效期限为60天,遇大雨后可以自行降解,对环境的适应性更强。

三 土壤保水剂

20世纪80年代初,安全无毒的土壤保水剂开发面世,成为新一代吸水聚合物。保水剂作为高吸水性树脂，能够反复释放和吸收自身质量100～250倍的水分。西北地区相对干燥,使用土壤保水剂能为栽植树木提供充足的水分,利于树种多样性和景观效果的营造;空气湿润的南方也可以利用保水剂减少水分的蒸发,利于树木健康生长。

目前使用的保水剂大致有两类:一类是由纯吸水聚合物组成的产品,如美国的田里沃;另一类是复合型保水剂,如比利时的TC土壤保水剂。TC土壤保水剂作为复合型保水剂,具有节约肥水、降低管理费用、提高绿化水平等优点,其主要作用在于促进树体根部吸收水分和营养,强壮根系,促进生根。

1.TC土壤保水剂成分构成

TC土壤保水剂主要由六大类构成，在树木生长过程中相互协调,共同提高树木成活率。

(1)生长促进剂。主要作用于树木根系,促进根细胞的扩展,向水分充足的土壤层生长,同时也能促进树木生长过程中叶片的新陈代谢和生长发育。

(2)吸水聚合物。利用高度吸水的聚合物反复吸收和释放水分,增加土壤的肥力和储水能力,保证树木长期水分平衡,利于树木生长,尤其适用于降雨量少的干旱地区。

(3)水溶性矿质肥料。在树木生长初期,可使用水溶性矿质肥料。该肥料由水凝胶吸收土壤矿质元素形成一种典型的氮－磷－钾盐混合物。

(4)缓释矿质肥料。在施肥后的一年时间里,可持续为树体生长提供所需养分,增强土壤肥力。

(5)有机肥料。有机肥料的作用在于改善土壤质量,提高土壤中微生物的活力,释放氮元素和其他利于树木生长的元素。

(6)载体物质。载体物质使用方便,既可大面积使用也可埋在种植穴内,能使树种所需要的多种营养成分均匀分布、均衡供给,同时还可增加土壤透气性。

2.TC土壤保水剂的使用方法

TC 土壤保水剂的使用比例不同于一般保水剂,只有使用量适当才能产生明显的作用,反之可能会适得其反,降低树木生长速度。一般在炎热地区或者对不耐旱的树种,保水剂的使用量需增加 1 倍。施用保水剂前先将栽植穴里的土壤分为大小两堆,对于幼树,可挖 30 厘米深的坑穴,大土堆里均匀掺入 40～80 克保水剂;成龄树,挖 60 厘米深,在大土堆里掺入 100～140 克保水剂。其次,将一部分土铺在穴底踏平,树木放在穴正中,再将其余土填入。最后把小堆土做成 1 厘米厚的覆盖层,避免土壤水分蒸发。

四 石硫合剂

石硫合剂全称是“石灰硫黄合剂”,是由生石灰、硫黄和水熬制而成的深棕色液体,气味类似于臭鸡蛋,有较强的碱性,遇酸易分解,不易于长期储存。石硫合剂具有很强的渗透性和腐蚀性,是一种可以杀菌、杀虫和杀螨的无机硫制剂。将药液喷洒在树木表面,与空气中的氧气、二氧化碳和水分产生化学作用后,可释放出少量的硫化氢,这种气体可以直接杀死病菌和害虫,毒力中等,同时还可以保护植物,不污染环境,是农林业生产养护中必不可少的无公害药剂。

1.石硫合剂的使用

随着科技的进步和发展，目前在市面上已经可以购买到晶体石硫合剂，虽然成本相对较高，但是操作方便，效果显著。比如将45%晶体石硫合剂按照说明书要求使用在果树上可以有效防治各种病虫害，对梨树和桃树在萌芽初期均匀喷洒100～150倍药液，可有效防治黑斑病、锈壁虱和叶病等；柿树在4—5月喷洒350倍药液，可防治白粉病和黑星病；葡萄树在休眠期喷洒200倍药液，可防治叶螨。但需要注意的是，在桃树和紫叶李等树种上使用不当容易导致花芽分化，发育不良，产生药害。

石硫合剂的使用量和浓度与季节密切相关。当树木在冬季处于休眠期时，使用浓度应偏高点；夏季生长期时，使用浓度偏低点，当温度在32摄氏度以上或4摄氏度以下时皆不适宜使用石硫合剂。另外，长期使用石硫合剂会使病虫产生抗药性，使用浓度越高，抗性形成越快，所以石硫合剂需与其他农药结合使用。

2.使用注意事项

石硫合剂作为碱性农药，性质不稳定，容易分解，因此应避免与酸性农药、忌碱农药和铜制剂农药混用，如忌与松脂合剂、肥皂和棉油皂混用。储存时，最好使用窄口容器密封盛装，并滴入少量煤油在药剂表面，以减少药液与空气的接触，保持药效，但切忌长时间储存，熬制好的药剂最好一次用完。使用前，防止药剂沉淀，应充分摇晃和搅动，让药剂均匀混合。在喷洒后，需充分清洗喷雾器，以免遭到腐蚀，影响下次使用。

3.中毒症状和急救措施

石硫合剂具有较强的腐蚀性，使用时切忌接触人体的皮肤和眼睛。如不慎接触药物，应立即将身体和衣物彻底冲洗干净，必要时，需前往医院及时接受治疗。

五 病虫害防治的化学处理措施

病虫害防治是树木养护管理的重要举措之一，能有效降低树体衰亡率和景观丧失的可能性。日常管护时一旦发现树木存在病虫害，便需要及时根据其危害程度采取措施，将危害严重的树枝修剪下来并集中处理，以免蔓延至整个树体。同时，随着涂干包扎法、打针注射法和根部埋药法等新技术的研发与应用，病虫害防治工作更加快速有效。

1.涂干包扎法

涂干包扎法是目前应用最广泛、效果最明显的虫害防治措施，它是根据树体的生长习性将内吸性药剂涂抹在树木的主干或主枝上，随着树木不断地生长，药剂逐渐输送至树枝及树叶上。当害虫经过或停留在树体上，药剂便通过接触点进入害虫体内将其杀死。

(1)适用范围。涂干包扎法常用的内吸性强的药剂有乐果、托布津、多菌灵等，这类药剂用量少，省时方便，对环境友好，且不受天气、树形树高、地势的影响。主要适用于蚜虫、介壳虫、螨类、锈壁虱、天牛、吉丁虫等食叶、吸汁、蛀干虫害和褐斑病、炭疽病、烟煤病等。

(2)实施方法。用药剂涂抹树干前，先围着树干表面刮去大约胸径 1/5 左右的粗皮，但不得破坏树干的形成层，然后涂上药剂，再用塑料薄膜包扎好即可。药剂涂抹选择在春季树液流动至冬季树木休眠前这段时间，但 4—9 月实施效果最佳。药剂在树体内每天向上移动大概 1 米左右，因此，为了快速灭虫需提前进行涂抹。

(3)防治效果。涂干包扎法对虫害的防治效果较为明显。如介壳虫防治，在虫体硬化或产卵时，将 40%氧化乐果乳剂稀释 6 倍涂抹在刮皮处，用塑料薄膜包严，在 10 天后杀虫率可达到 100%；二星叶蝉防治，将 40%氧化乐果原液或 5～10 倍稀释液均匀涂抹在树体主干分枝处以下，随后包扎好，在 4 天后杀虫率可达 100%，且有效期在 50 天以上；蚜虫防治，将 40%氧化乐果乳油与水以 7：3 配比制成药液，围绕树干涂抹宽 5 厘米的环并包扎好即可。

2.打针注射法

20 世纪 80 年代，国外首先出现了药剂注射进树体的技术，既能有效防治树体表面的害虫，又能将钻进树体内部的害虫一同杀死。随后，我国在这方面的应用也日趋普遍，如西北农林科技大学自主研制出“自流式树干注药器”。

（1）技术特点。这种技术药器合一，不污染环境，杀虫效果好，广泛应用于园林、风景区、防护林的病虫害防治。主要针对天牛、木蠹蛾、竹象虫、松梢螟、柳瘿蚊、栗剪枝象甲等蛀干性害虫和蚜虫、介壳虫、竹螟等吮吸性害虫以及刺蛾、樟巢螟等卷叶性害虫。

（2）操作方法。打针注射法操作简单快捷，先在距离地面 10～20 厘米的树干上选取一点，用电钻打 6 厘米左右深的孔，然后将注射药器插入孔内使药液慢慢渗入树体，药液会随着树液流动至树干、树枝和树叶。若树干上有虫洞，可直接在虫洞处将药物注射进去。注射药剂后 7 天左右可杀灭大量害虫，打孔伤口 2 个月左右即可痊愈。

3.根部埋药法

（1）直接埋药。先在距离树木 0.5～1.5 米处挖 1 个环状沟或 2～3 个坑穴，根据树种特性在沟（穴）内埋入适量的 3%呋喃丹，1～3 年生树种埋入150 克左右；4～6 年生树种埋入 250 克左右；7 年生及以上树种埋入 500 克左右。一般药剂有效期为 2 个月，可以明显防治虫害，如防治松梢螟药效高达 95%，防治蚜虫药效高达 100%。

（2）根埋药瓶。将 40%乐果乳油或 25%杀虫双水剂 5 倍液装入药瓶内，然后在树干根基外围挖土直至树根暴露出来，并将不超过香烟粗度的树根剪断根梢，将断根插入药瓶直至瓶底，便于树根直接吸收药液，输入树体，最后用塑料薄膜封好瓶口并埋入土中。

4.药害防治法

药害，即由于药剂选择不当、用量过大、农药品种过敏和树体敏感期用药等种种原因导致树木受到伤害，如波尔多液含铜离子浓度较高，对幼嫩组织易产生药害。

药害常分为慢性药害和急性药害。慢性药害是使用药剂后缓慢出现的不良反应，如树木生长迟缓、树形矮小、开花结果延迟等；急性药害是指在用药后几天，甚至几小时就出现叶片黄化、根系发黑等现象。当树木出现药害时，首先应及时采用清水冲洗的方法，尽量将残留的药剂清除，减少对树木进一步损伤；其次，加强肥水管理，使树体快速恢复到正常的生长状态。

附　　录

安徽省常见乡村人居林树种名录

树种	属	科
银杏	银杏属	银杏科
杉木	杉木属	杉科
水杉	杉木属	杉科
池杉	落羽杉属	杉科
落羽杉	落羽杉属	杉科
柏木	柏木属	柏科
刺柏	刺柏属	柏科
圆柏	圆柏属	柏科
鹅掌楸	鹅掌楸属	木兰科
白玉兰	木兰属	木兰科
紫玉兰	木兰属	木兰科
厚朴	木兰属	木兰科
含笑	含笑属	木兰科
香樟	樟属	樟科
木瓜	木瓜属	蔷薇科
贴梗海棠	木瓜属	蔷薇科
山楂	山楂属	蔷薇科
枇杷	枇杷属	蔷薇科
垂丝海棠	苹果属	蔷薇科
西府海棠	苹果属	蔷薇科
苹果	苹果属	蔷薇科
海棠花	苹果属	蔷薇科
椤木石楠	石楠属	蔷薇科
石楠	石楠属	蔷薇科
樱桃	樱属	蔷薇科
山樱花	樱属	蔷薇科
东京樱桃	樱属	蔷薇科
杏	杏属	蔷薇科
梅	杏属	蔷薇科
山桃	桃属	蔷薇科
李	李属	蔷薇科

续表

树种	属	科
火棘	火棘属	蔷薇科
豆梨	梨属	蔷薇科
沙梨	梨属	蔷薇科
蜡梅	蜡梅属	蜡梅科
紫荆	紫荆属	豆科
野皂荚	皂荚属	豆科
皂荚	皂荚属	豆科
合欢	合欢属	豆科
山合欢	合欢属	豆科
刺槐	刺槐属	蝶形花科
槐	槐树属	豆科
喜树	喜树属	蓝果树科
枫香	枫香属	忍冬科
二球悬铃木	悬铃木属	悬铃木科
响叶杨	杨属	杨柳科
加杨	杨属	杨柳科
垂柳	柳属	杨柳科
河柳	柳属	杨柳科
旱柳	柳属	杨柳科
簸箕柳	柳属	杨柳科
杨梅	杨梅属	杨梅科
锥栗	栗属	壳斗科
栗	栗属	壳斗科
茅栗	栗属	壳斗科
青冈	青冈栎属	壳斗科
麻栎	栎属	壳斗科
栓皮栎	栎属	壳斗科
山核桃	山核桃属	胡桃科
美国山核桃	山核桃属	胡桃科
胡桃	胡桃属	胡桃科
枫杨	枫杨属	胡桃科
朴树	朴属	榆科
青檀	青檀属	榆科

续表

树种	属	科
榔榆	榆属	榆科
榆树	榆属	榆科
大叶榉树	榉属	榆科
杜仲	杜仲属	杜仲科
杜英	杜英属	杜英科
青桐	梧桐属	梧桐科
木芙蓉	木槿属	锦葵科
木槿	木槿属	锦葵科
重阳木	秋枫属	大戟科
乌桕	乌桕属	大戟科
茶	山茶属	山茶科
油茶	山茶属	山茶科
山茶	山茶属	山茶科
石榴	石榴属	石榴科
重瓣红石榴	石榴属	石榴科
枣树	枣属	鼠李科
柿	柿属	柿科
臭椿	臭椿属	苦木科
楝	苦楝属	苦楝科
香椿	香椿属	苦楝科
栾树	栾树属	无患子科
三角槭	槭树属	槭树科
五角枫	槭树属	槭树科
鸡爪槭	槭树属	槭树科
红枫	槭树属	槭树科
七叶树	七叶树属	七叶树科
女贞	女贞属	木樨科
四季桂	木樨属	木樨科
丹桂	木樨属	木樨科
银桂	木樨属	木樨科
月桂	月桂属	樟科
夹竹桃	夹竹桃属	夹竹桃科
楸	梓树属	紫葳科

续表

树种	属	科
梓	梓树属	紫葳科
荆条	黄荆属	马鞭草科
紫薇	紫薇属	千屈菜科
白花泡桐	泡桐属	玄参科
毛泡桐	泡桐属	玄参科
桂竹	刚竹属	禾本科
淡竹	刚竹属	禾本科
水竹	刚竹属	禾本科
紫竹	刚竹属	禾本科
毛竹	刚竹属	禾本科
刚竹	刚竹属	禾本科
阔叶箬竹	箬竹属	禾本科